印前处理和制作员职业技能培训教程

基础知识

中 国 印 刷 技 术 协 会
上海新闻出版职业教育集团 组织编写

中国轻工业出版社

图书在版编目（CIP）数据

基础知识：印前处理和制作员职业技能培训教程 / 中国印刷技术协会，上海新闻出版职业教育集团组织编写．— 北京：中国轻工业出版社，2022.3

ISBN 978-7-5184-3797-9

Ⅰ．①基…　Ⅱ．①中…　②上…　Ⅲ．①印前处理—技术培训—教材　Ⅳ．① TS80

中国版本图书馆 CIP 数据核字（2021）第 267649 号

责任编辑：杜宇芳　　责任终审：李建华　　整体设计：锋尚设计
策划编辑：杜宇芳　　责任校对：吴大朋　　责任监印：张　可

出版发行：中国轻工业出版社（北京东长安街6号，邮编：100740）
印　　刷：艺堂印刷（天津）有限公司
经　　销：各地新华书店
版　　次：2022年3月第1版第1次印刷
开　　本：787×1092　1/16　印张：9.75
字　　数：250千字　插页：2
书　　号：ISBN 978-7-5184-3797-9　定价：49.80元
邮购电话：010-65241695
发行电话：010-85119835　传真：85113293
网　　址：http://www.chlip.com.cn
Email：club@chlip.com.cn
如发现图书残缺请与我社邮购联系调换
190145J4X101ZBW

印前处理和制作员职业技能培训教程
编写组

一、编写机构

1. 组织编写单位

中国印刷技术协会、上海新闻出版职业教育集团

2. 参与编写单位

上海出版印刷高等专科学校、山东工业技师学院、东莞职业技术学院、杭州科雷机电有限公司、上海烟草包装印刷有限公司、中国印刷技术协会网印及制像分会、中国印刷技术协会柔性版印刷分会

二、编审人员

1. 基础知识

主　编：王旭红

副主编：李小东　龚修端

参　编：李　娜　魏　华

主　审：程杰铭

副主审：朱道光　姜婷婷

2．印前处理

主　编：文孟俊

副主编：金志敏

参　编：盛云云　刘金玉　潘晓倩　刘　芳

主　审：程杰铭

副主审：朱道光　姜婷婷

3．平版制版

主　编：田全慧

副主编：李纯弟

参　编：李　刚

主　审：程杰铭

副主审：朱道光　姜婷婷

4．柔性版制版

主　编：田东文

副主编：陈勇波　吴宏宇

参　编：霍红波　李纯弟　殷金华

主　审：程杰铭

副主审：朱道光　姜婷婷

5．凹版制版

主　编：肖　颖

副主编：淮登顺　马静君

参　编：许宝卉　施海卿　苏　娜　郝发义　张鑫悦　宁建良　韩　潮
刘　骏　裴靖妮　石艳琴　汪　伟　陈春霞

主　审：程杰铭

副主审：朱道光　姜婷婷

6．网版制版

主　编：纪家岩

副主编：高　媛　王　岩

参　编：宋　强　张为海

主　审：程杰铭

副主审：朱道光　姜婷婷

前言

“印前处理和制作员”是2015年颁布的《中华人民共和国职业分类大典》中三项印刷类职业之一。印前处理和制作是整个印刷工艺流程中的第一道工序，对印刷品质量控制起着关键的作用。本教材依据中华人民共和国人力资源和社会保障部颁布的《印前处理和制作员国家职业技能标准（2019年版）》中对不同等级操作人员的基本要求、知识要求和工作要求，并结合了国内外印前处理和制版的新设备、新技术、新工艺、新材料的应用，历时两年编制而成。

根据《中华人民共和国职业分类大典》和国家职业技能标准收录内容，在中宣部干部局教育培训处和人力资源和社会保障部职业技能鉴定中心标准处的指导下，中国印刷技术协会组织编写了印前处理和制作员职业技能培训教程。本套教材分为《基础知识》《印前处理》《平版制版》《网版制版》《柔性版制版》《凹版制版》六本，以职业技能等级为基础，以职业功能和工作内容为主线，以相关知识和技能要求为主体，阐述了行业不同等级从业人员的知识要求和技能要求，通过学习，受训人员不仅能掌握印前处理技术的职业知识，还能提高专业技能水平，为职业技能等级的提升打下良好的基础。

《基础知识》培训教材主要内容包括职业从业人员的职业道德要求，道德修养途径，相关的法律法规，安全生产、环境保护知识，印刷流程、印刷工艺、印刷材料、印刷设备等印刷基础知识。全面涵盖了国家职业技能标准中的各个知识点，文字通俗易懂，条理清晰，便于学员全面掌握印前处理与制版的相关知识。

《基础知识》培训教材的第一章由李娜编写，第二章由王旭红和李娜编写，第三章由王旭红和李小东编写，第四章由魏华编写，第五章由李娜编写，第六章和第七章由王旭红和龚修端编写。本书在编写过程中得到了东莞职业技术学院、永发印务（东莞）有限公司、上海出版高等专科学校专业老师的大力支持和帮助，在此表示深深地谢意。

印前处理和制作员职业技能培训教程在编写过程中得到了上海出版印刷高等专科学校、中国印刷技术协会网印及制像分会、中国印刷技术协会柔性版印刷分会、杭州科雷机电工业有限公司、上海烟草包装印刷有限公司、山东工业技师学院、东莞职业技术学院、运城学院等单位的支持和帮助。

本书编写内容难免挂一漏万和有不妥之处，恳请专家和读者批评指正。

印前处理和制作员职业技能培训教程编写组

目录

第一章 职业道德

学习目标

1. 了解职业道德基本内容和修养途径。
2. 掌握职业守则内容。
3. 能在工作岗位上具备良好的职业道德。

第一节　职业道德基础知识

职业道德是具有自身职业特征的道德和规范，也就是说从道义要求人们以一定的思想、态度、作风和行为去待人接物，完成本职工作。职业道德是员工基本素质的重要组成部分，遵守职业道德是做好本职工作的基本保障。

一、职业道德基本内容

职业道德包括八方面的内容：文明礼貌、爱岗敬业、诚实守信、办事公道、勤劳节俭、遵纪守法、团结互助、开拓创新。

（1）文明礼貌　文明礼貌是人们在职业实践中长期修养的结果，是从业人员的基本素质，是塑造企业形象的需要。文明礼貌的具体要求是仪表端庄、语言规范、举止得体、待人热情。

（2）爱岗敬业

爱岗：热爱自己的工作岗位，热爱本职工作。

敬业：用恭敬严肃的态度对待自己的工作。

爱岗敬业的基本要求：树立职业理想，强化职业责任，提高职业技能。

爱岗敬业就是把自己的岗位同自己的理想、追求、幸福联系在一起，将公司的兴衰与个人的荣辱联系在一起；自觉维护公司的利益、形象和信誉。有了认知和热情还必须具备一定的本领，即要通过技能培训、岗位练兵、熟练地掌握职业技能，才能胜任自己的工作，更好地为公司服务。

（3）诚实守信　忠诚所属企业，诚实劳动；关心公司发展；维护企业信誉；保守公司机密。树立产品质量意识，重视服务质量。遵守公司规章制度；企业的规章制度，是在总结以往经验教训基础上而制定的，我们没有理由不去执行。

（4）办事公道　办事情、处理问题要站在公正的立场上，对当事双方公平合理，不偏不倚，无论对谁都是按照一个标准办事。不能出于私心、从个人利益角度考虑问题、处理事情，所谓的对事不对人。具体要求是坚持真理、公私分明、公平公正、光明磊落。

（5）艰苦创业，勤劳节俭

艰苦创业、勤劳节俭是中华民族的传统美德，作为企业职工，应发扬艰苦创业勤俭节约的精神，每个职工要转变观念，树立当家做主的思想，工作中要能够吃苦耐劳，降低损耗节俭成本。生活中要艰苦朴素，克服互相攀比的思想。勤劳促进生产效率的提高，节俭有利于降低生产成本。

（6）遵纪守法　具体要求：学法、知法、守法、用法；遵守企业纪律和规范。

（7）团结互助　人与人之间为了实现共同的利益和目标，相互帮助，相互支持，团结协作，共同发展。团结互助可以营造人际和谐的氛围，增强企业的内聚力，促进企业发展。

基本要求：平等尊重、顾全大局、互相学习、加强协作。

（8）开拓创新　创新是指人们为了发展的需要，运用已知的信息，不断突破常规，发现或产生某种新颖、独特的有社会价值的新事物、新思想的活动。没有创新的企业是没有希望的企业，开拓创新是时代的需要。

二、培养职业道德修养的途径

①树立正确的人生观是职业道德修养的前提。

②职业道德修养要从培养自己良好的行为习惯着手。

③要学习先进人物的优秀品质，不断激励自己。

④学习职业道德规范、掌握职业道德知识。

⑤努力学习现代科学文化知识和专业技能，提高文化素养。

⑥经常进行自我反思，增强自律性。

第二节 职业守则

职业守则是一个行业或一种职业贯彻落实职业道德和规范要求的具体化、规范化的职业行为准则，是从事一定职业的人们在职业活动中所应遵循的行为标准。

印前处理和制作员职业守则的内容：

①遵守法律、法规和有关规定。要求要不断学习并遵守法律法规，不断提高政治思想觉悟。

②爱岗敬业、团结合作、具有高度的责任心。要求员工树立热爱本职工作的事业心，巩固爱岗敬业的情感基础，加强团队合作的精神。

③严格执行工作流程、质量标准、工艺文件和安全操作规程的相关规章制度。要求在工作中要培养工作程序意识和工作作风意识，要严格执行工作程序，树立安全工作的工作作风。

④定期维护和保养使用的设备及测量仪器。要求要具有设备爱护意识方面的修养。

⑤保持工作环境清洁有序，做到文明生产。要培养环保意识，注意工作环境整洁，注意文明生产。

第二章

印刷基础

学习目标

1. 了解印刷的起源与发展。
2. 了解印刷术起源的物质基础和技术基础。
3. 掌握印刷的定义、作用、要素和分类。
4. 掌握传统印刷机印刷的基本原理。
5. 掌握印刷工艺流程。
6. 掌握印前图形图像文字的基础知识。
7. 掌握光与色的基本定义。
8. 掌握颜色的三属性、颜色混合规律。
9. 掌握色彩的分解和合成。
10. 掌握印刷网点的类型、属性。
11. 掌握黑版的作用及生成黑版的方法。

印刷术是人类近代文明的先导，为知识的广泛传播、交流创造了条件。印刷术是我国古代四大发明之一，是体现我国古代劳动人民智慧的代表。从古代开始，印刷便与人们的生活息息相关。如今，印刷已成为我国新闻出版业的重要组成部分。我国印刷术先后传到朝鲜、日本、中亚、西亚和欧洲地区。

第一节　印刷术的起源和发展

一、印刷术的起源

1. 文字的产生

远古时代，人们只能用语言交流、绳子打结等简单手段来记忆事情，后来随着人类活动的不断发展，逐渐形成一些能够表达具有事物的简单图画。这些图画逐渐转化为图案符号，由此就出现了最原始的文字——象形文字。汉字的字体随着时代的发展，从殷商时代的甲骨文、周朝的金文、秦代的小篆、汉代的隶书、魏晋的楷书，逐步演变，直到形成现代的汉字，如图2-1所示。文字的产生，使得信息得到准确完整地再现，给抄书、印字等创造了便捷的条件，促进了印刷术的产生。

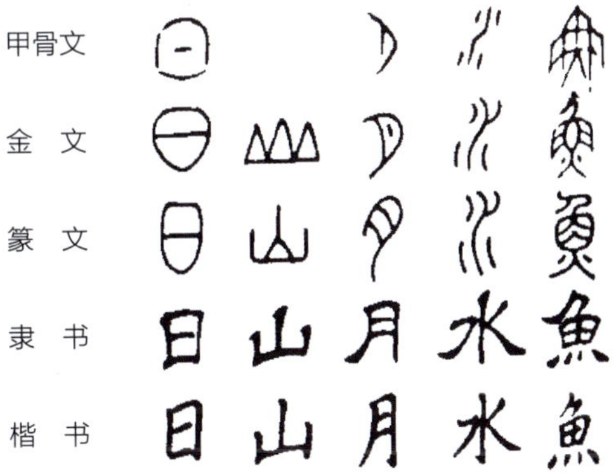

图2-1　文字的演变

2. 笔、纸、墨的发明

我国的毛笔起源于新石器时代，至商代已经使用得较为普遍了。毛笔图画便捷，经久耐用，成为上好的书写工具。古时候对笔的称呼，楚称“聿”，吴称“不律”，燕称“弗”。秦统一六国后，才统一称“笔”。

公元2世纪初，东汉蔡伦在总结前人经验的基础上，制成了质地优良的植物纤维纸，人称“蔡侯纸”。纸的发明，取代了笨重的竹简和昂贵的丝帛，为社会提供了优质、轻便、价廉的书写材料。

公元3世纪，我国用松烟和动物胶制成了烟炱墨，这种墨易溶不晕，色浓不脱，非常适合于书写和印刷。

笔、墨、纸的发明和发展为雕版印刷术奠定了必要的物质基础。

3. 印章和拓石的产生

早在公元前4世纪时，中国已经有了印章。先秦及秦、汉的印章多用作封发物件，把印盖于封泥之上，以防私拆，并作信验。当时是刻成凹入的阴文，公元1世纪以后逐渐改刻成凸起的阳文。印章创造了从反刻的文字取得正写文字的方法，阳文印章的作用，提供了一种从阳文反写文字获得正写文字的复制技术。

公元前7世纪，我国有了石刻文字。为了免去从石刻上抄写的劳动，至公元4世纪左右，发明了以湿纸紧覆在石碑上，用墨打拓其文字或图形的方法，叫作“拓石”。后来，又将文字刻在木板上，再进行转拓。石刻文字是阴文正写，提供了从阴文正写获得正字的复制技术。

二、印刷术的发展

随着生产力的不断发展和科技的进步，文字的产生、笔纸墨的发明、印章拓石的应用，对印刷术的产生起到了决定性的作用。

1. 雕版印刷术

印刷术究竟是哪个年代发明的，现在还无法确定。1900年，在敦煌千佛洞里发现一本印刷精美的《金刚经》末尾题有“咸同九年四月十五日（公元868年）”等字样，这是目前世界上最早的有明确日期记载的印刷品。从现存文献和印刷实物来看，雕版印刷术出现于隋唐时期，并在唐朝中后期普遍使用。

雕版印刷的工艺如下：把一块硬度较大的木板刨平，表面刷一层稀糨糊，将写好字的透明薄纸有字的一面贴在板上，用不同形式的刻刀将木板上的反体字墨迹刻成凸起的阳文，板面所刻出的字凸出版面1～2mm。用热水冲洗雕好的板，洗去木屑等，刻版过程就完成了。印刷时，用圆柱形平底刷蘸墨汁，均匀刷于版面上，再把纸覆盖在版面上，用刷子轻轻刷纸，纸上便印出文字或图画的正像。将纸从印版上揭起，阴干，印制过程就完成了。

雕版印刷是我国的伟大发明，后传往西方。现在艺术品复制中的木刻版画至今仍然沿用雕版印刷术。

2. 活字印刷术

由于雕版印刷有了错字难以更正，生产周期较长等弊端，到了宋代，毕昇发明了活字印刷术。活字制版避免了雕版的不足，只要事先准备好足够的单个活字，就可拼版，大大地加快了制版时间。活字版印完后，可以拆版，活字可重复使用，且活字比雕版占有的空间小，容易存储和保管。1965年在浙江温州白象塔内发现的刊本《佛说观无量寿佛经》经鉴定为北宋元符至崇宁（1100—1103年）活字本。这是毕昇活字印刷技术的最早历史见证。

元代王祯成功创制木活字，又发明了转轮排字架。明代中期，铜活字在江苏南京、无锡、苏州等地得到较多的应用。

3. 现代印刷术

德国人谷登堡在公元1440—1448年创建了活字版印刷术，比毕昇的活字印刷术晚了400年之久，但其在活字材料的改进、脂肪性油墨的应用以及印刷机的制造方面，都取得了巨大的成功，从而奠定了现代印刷术的基础。

德国于1845年生产了第一台快速印刷机，开始了印刷技术的机械化时代。

第二节 印刷基础知识

一、印刷基础概念

1. 定义

我国国家标准《GB/T 9851.1—2008印刷技术术语》中，对印刷的定义是：印刷是使用模拟或数字的图像载体将呈色剂或色料转移到承印物上的复制过程。

印刷作为一种对图文信息的复制技术，特点是将原稿的信息大量低成本地再现在各种各样的承印物上，而其成品还可以广泛地流传和永久地保存。

2. 作用

（1）印刷是一种传播信息的重要手段，是我们衣食住行不可或缺的一部分，如书籍、报纸、宣传单、说明书、产品包装盒等印刷品都是生活中不可缺少的宣传信息的产品。印刷品要求有一定的严肃性，部分印刷品有一定的机密性要求。

（2）包装印刷品是装潢商品、宣传商品、推销商品的一种手段，包装可以提升产品的附加价值，已经成为商品不可或缺的一部分。

（3）印刷是一种艺术的再创造。印刷品是科学、技术、艺术的综合品，印刷品的设计制作过程涉及图形图像字体等的设计，并且包含对印刷工艺的设计，这些都和艺术相关联。一件好的印刷品也是一件艺术品。

3. 印刷的要素

按照传统的印刷工艺，印刷五大要素是原稿、印版、呈色材料、承印物、印刷设备。对于现代的数字印刷技术来说，有些无须使用印版，主要有四大要素，分别是原稿、印版、呈色材料、承印物、印刷设备。

（1）原稿　原稿是印刷复制的对象，印刷复制必须以原稿为基础。原稿质量的优劣，直接影响印刷成品的质量。原稿不同，印前工艺差别也比较大，原稿可如下分类：

①按原稿的形态分。模拟原稿、数字原稿和实物原稿。

a. 模拟原稿。指内容记录在实体介质上的原稿，如各种画稿、纸质照片、印刷品、手写稿、打印稿等。此类原稿需要借助于印前设备转换为数字原稿才可进行后期处理。

b. 数字原稿。以数字信息方式存储在光电磁等介质上的原稿。这是目前大多数原稿的类型。数字原稿的来源主要包括印前设计制作、相机拍摄、网络下载或专业图库下载等途径。

c. 实物原稿。指原稿以实物形态存在，一般主要是一些有立体感的原稿，如油画、瓷器及各种物品，这些原稿通常需要采用三维扫描仪扫描，转换为数字原稿。

②按原稿的色彩分为。单色原稿和彩色原稿。

a. 单色原稿。一般为黑白原稿和灰度稿。黑白原稿只有黑白两种颜色，其色彩深浅变化有明显的界限，如打印稿、手写稿等。灰度原稿由不同深浅的灰色构成，比如灰度印刷品、水墨画、黑白照片等。

b. 彩色原稿。指由无数彩色构成的原稿，如水粉画、油画、彩色印刷品、彩色照片等。

③按原稿内容分为：线条原稿、连续调原稿和网目调原稿。

a. 线条原稿。是指由黑白或彩色线条组成图文的原稿，其色彩、色调深浅变化有明显的界限，如图表、漫画、钢笔画、木刻板、版画、地图等。

b. 连续调原稿。其表现为原稿在明度和阶调上有无限层级的变化，如照片、反转片等。

c. 网目调原稿。指用网点构成的画面阶调，原稿从明到暗的变化是不连续的，通常是印刷品，也称为二次原稿。

④按原稿介质分为：反射原稿和透射原稿。

a. 反射原稿。即底基是不透明的，要用反射光观察的原稿，如打印稿、照片、各种画稿、印刷品等。

b. 透射原稿。是指以透明材料为图文信息载体的原稿。观察时光线需透过观察品进入人眼。有黑白或彩色负片、正片、反转片等种类。常见的胶卷属于负片，电影拷贝片属于正片，二者都极少用于印刷。印刷时作为原稿使用的透射稿主要是指反转片。

（2）印版　印版的定义是：为复制图文，用于把呈色剂或色料（如油墨）转移至承印物上的模拟图像载体。其功能就是印刷复制原稿图文信息。

印版按材质分可分为金属版、感光树脂版、橡胶版、丝网版等；按印版组成部分可分为图文部分和非图文部分；按印版图文部分和空白部分的相对位置，可分为平版、凸版、凹版、孔版。

①平版。平版印版的图文部分和空白部分几乎处于同一平面，没有明显的高低差别。一般的平版、PS版、CTP版图文部分略高于空白部分。常用的有PS版、CTP版、

纸基版等。

②凸版。凸版印版的空白部分凹下，图文部分凸起并且处于同一平面或同一半径的弧面上。常用的有树脂版和柔性版。

③凹版。凹印印版的图文部分凹下，且深浅不同，空白部分凸起并且处于同一平面或同一半径的弧面上。常见的印版有电子雕刻凹版和激光雕刻凹版。

④孔版。孔版印版是由大小不同或大小相同但单位面积内数量不等的网眼组成的印版，空白部分由版膜组成，油墨不能透过。常见的有丝网版、镂空版等。

（3）呈色材料　呈色材料是在印刷过程中，被转移到承印物上的成像物质。作为呈色材料，应具有鲜艳的颜色、良好的印刷适应性、合适的干燥速度。此外，还应具有一定的耐溶剂、耐酸、耐碱、水、光、热等方面的性能指标。随着印刷、纸张以及环保等要求越来越高，对呈色材料的技术要求也有所提高。目前呈色材料大多数是油墨，也有的是含黏合剂的色粉色料等。

①油墨的组成。油墨主要由连结料（树脂）、色料、填料和各种辅助成分组成，它们均匀地混合并经反复轧制而成一种黏性胶状流体。

连结料是一种胶黏状流体，是油墨中的流体组成部分，俗称调墨油。油墨的流动性、黏性、干性以及印刷性能等，皆取决于连结料。所以，连结料是油墨质量好坏的基础。它由少量天然树脂、合成树脂、纤维素、橡胶衍生物等溶于干性油或溶剂中制得。

色料是能反射特定波长的固体粉末状物质，在油墨中起着显示色彩的作用。色料有颜料和染料两类，颜料不溶于水、油、有机溶剂，是油墨中最常用的色料。染料可溶于水、油、有机溶剂，在使用时配制成溶液，呈分子态着色。

填料是白色、透明、半透明或有透明的粉状物质，也是油墨中的固体组成部分，主要起填充作用。适当采用些填料，既可减少颜料用量，降低成本，又可调节油墨的性质，如黏度、流动度等。常用的填料有氢氧化铝、硫酸钡、碳酸钙、碳酸镁、铝钡白等。

辅助成分是油墨中除了主要组成外的附加部分。辅助成分的种类很多，主要是为了改善油墨的印刷适性，常用的有干燥剂、冲淡剂、撤黏剂等。

②油墨的性能。承印物、印刷油墨以及其他材料与印刷条件相匹配，适合于印刷

作业的性能，称为印刷适性。油墨的印刷适应，主要有黏度、黏着性、触变性和干燥性等。

a. 油墨的黏度。油墨在流动中表现出来的内摩擦特性，叫油墨的黏滞性，度量油墨黏滞性的物理量，叫作油墨的黏度。印刷机的速度越快，要求的油墨黏度越小，油墨的黏度可以用调墨油或油墨稀释剂进行调整。

b. 油墨的黏着性。油墨从墨斗向墨辊、印版、橡皮布、承印物转移时，油墨与墨膜之间不断地分裂转移，墨层在分裂的瞬间，由于油墨体系内聚力作用，油墨分子间会产生一种抵抗力，阻止墨层的分裂，墨膜在这个过程中表现出来阻止墨膜破裂的能力，称为油墨的黏着性。黏着性可以用撤黏剂或ZY油墨添加剂来调节。

c. 油墨的触变性。在一定的温度下，油墨经搅拌或施加机械外力后，流动性得到改善，黏度下降，静置后，流动性又变得不好，黏度上升，这就是油墨的触变性。

印刷过程中，为防止油墨的触变性不良，需用墨铲经常搅拌油墨。

d. 油墨的干燥性。印刷中，如果油墨的干燥不良，则会引起印章背面蹭脏、粘页、墨膜无光泽等故障，若干燥过快，则会出现油墨晶化现象。加快干燥可以在油墨中加入催干剂，降低油墨干燥速度，减缓干燥可以在油墨中加入干燥抑制剂。

（4）承印物　承印物是指能接受油墨或吸附色料，并呈现图文的各种物质的总称，随着印刷技术的提升和印刷品种类的增多，承印物的范围越来越广，有纸张、塑料、金属、木材、皮革、玻璃、瓷器等，但目前使用最广泛的还是纸张和塑料薄膜。

①纸张的组成。印刷用的植物纤维纸主要由纤维、填料、胶料和色料四种主要原料制成。纤维是纸张的基本成分，以植物纤维为主。常用的纤维材料有稻草、麦草、芦苇、竹、木材、麻类、棉花等。填料常用的有滑石粉、硫酸钡、碳酸钙、钛白等，可以填充植物纤维间的空隙，使纸张平滑，同时提高纸张的不透明度和白度。胶料能使纸张获得抗拒流体渗透及流体在纸张表面扩散的能力，常用的胶料有松香、聚乙烯醇、淀粉等。加入色料，能够校正或改变纸张的颜色，使纸张更加满足客户的需求。

②纸张的制作流程。纸张的制造分为制浆和抄造两大步骤。制浆的方法有两种：一种是机械法，此方法一般是利用机器把木材磨碎；另一种是化学制浆，即将

棉、麻、稻草等纤维材料切成小段，放入蒸煮器中，加入酸或碱溶液，然后通入蒸汽进行蒸煮，再用清水冲洗，筛选后放入打浆机，把纤维打成扫帚状，以增加纸张内部的拉力。制好的纸浆放入抄纸机，经脱水、烘干、压光等一系列处理，便制成纸张。

③纸张的尺寸。印刷纸张主要有平张纸和卷筒纸。纸张的规格有多种，国标中规定平板纸的尺寸有A、B两个系列。A系列：841mm×1189mm，594mm×841mm。B系列：1000mm×1414mm，707mm×1000mm。把一张全开纸裁切或折叠成面积相等的若干小张，叫多少开数，装订成册，即为多少开本。

卷筒纸的长度一般为6000m，宽度尺寸有787mm、860mm、880mm、1092mm等。

500张全开纸为一令。

④纸张的分类。随着技术的发展，纸张的种类越来越多，有各种特种纸张，但纸张的一般分类为：凸版印刷纸、新闻纸、胶版纸、铜版纸、书皮纸、字典纸、瓦楞纸等。

凸版印刷纸用于一般书籍、杂志等。

新闻纸主要共印刷报纸、杂志使用。

胶版纸主要用于杂志、一般彩图、画册等。

铜版纸主要用于画册、挂历、高级包装盒等。

书皮纸主要供书刊封面使用。

字典纸主要用于印刷字典、手册。

瓦楞纸主要用来制成包装箱、垫香板等。

（5）印刷设备　是用于生产印刷品的机器设备的总称，其作用是使要呈现的图文信息通过直接或间接的方式转移到承印物表面。

4. 印刷的分类

随着印刷技术的变革，印刷涉及的领域和范围越来越广，印刷的分类也发生了一定的变化。

（1）按照有无印版可划分为传统印刷和数字印刷　传统印刷按照印版上图文部分和非图文部分的相对位置分为是平版印刷、凸版印刷、凹版印刷和孔版印刷。数字印刷按照所采用的技术不同，可分为喷墨印刷、静电印刷、磁成像印刷、热成像印刷等。

（2）按转印方式分为直接印刷和间接印刷　直接印刷即版面上的油墨直接转移到承印物上，凸版印刷和凹版印刷均为直接印刷。间接印刷即将版面上的油墨先转印至中间载体上，再转印到承印物上，如平版印刷。

（3）按承印物分　按照不同种类的承印物，有纸张印刷、金属印刷、塑料印刷、玻璃印刷、陶瓷印刷、木板印刷等。

（4）按印刷品用途分　按印刷品用途可分为书刊印刷、商业印刷、包装印刷、标签印刷、防伪印刷、艺术品印刷、特种印刷等。

二、传统印刷的基本原理

1. 平版印刷的原理及应用

平版印版的主要特征是印版的图文部分和非图文部分几乎处于同一平面。

目前广泛使用的平版印版是胶印，印刷中空白部分由润湿液来覆盖，图文部分用油墨覆盖。胶印利用油水不相溶的原理，先给印版着润版液，使其表面形成亲水疏油的水膜，然后再给印版着墨，使图文部分沾附油墨，空白部分因为有水膜覆盖，上不了墨，从而形成了图文部分有油墨覆盖，而空白部分没有油墨覆盖的效果，工作原理如图2-2所示。

胶印采用间接印刷的方法，如图2-3所示，即印版上的图文墨层首先转移到橡皮布上，再利用橡皮滚筒与压印滚筒之间的压力，将图文墨层转移到承印物上，

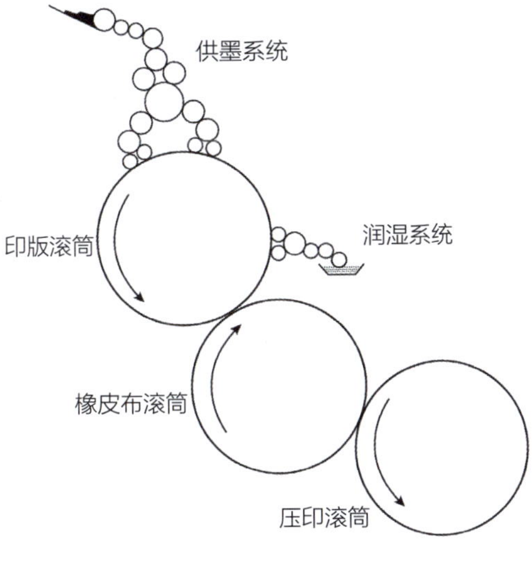

图2-2　胶印机工作原理图

图2-3　胶印间接印刷原理图

完成印刷。胶印主要采用圆压圆印刷方式。

平版印刷可应用于新闻印刷、书刊印刷、广告印刷、包装印刷、商业印刷、金属印刷、立体印刷、磁卡印刷等方面。

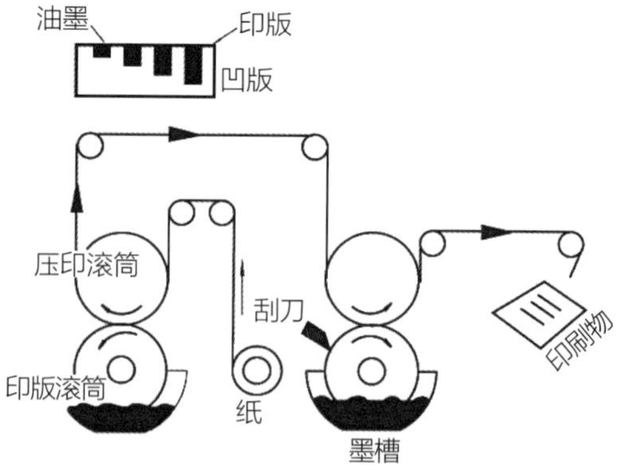

图2-4　凹印间接印刷原理图

2. 凹版印刷的原理及应用

凹版印版的显著特点是印刷部分低于印版表面，非印刷部分则保持印版的表面特征不变。

凹版上驻墨凹坑称为网穴。凹版印刷是先将凹下的网穴用油墨填充满，然后利用刮刀将非图文部分的油墨刮掉，使非图文部分表面没有油墨，然后利用压力将存留在凹下的网穴中的油墨转移到承印物上实现印刷，原理如图2-4所示。

凹版的印版是依靠下凹的网穴深浅或开口面积大小来表现图像阶调层次的。凹版上印刷部分网穴容积越大，驻墨量就越多，印品上的墨层就越厚。

凹版印版通常有四种类型的网穴：网穴下凹深度变化，开口面积不变；网穴小深度不变，开口面积变化；网穴下凹深度、开口面积同时变化；调频网穴，网穴面积相同，空间位置随机变化，网穴类型如图2-5所示。

凹版印刷属于直接印刷，由于凹下的网穴油墨量比其他印刷方式要多，所以凹印产品上的图文会有微微浮凸的感觉，表现出来的层次和质地较好。

凹版印刷墨层厚实，耐印力高，能印刷连续图案，适用范围广可以应用于塑料包装、纸质包装、有价证券、转移印花、装饰纸、木纹皮革压花等方面，但凹印制版工艺复杂，制作过程会对环境产生较大污染。

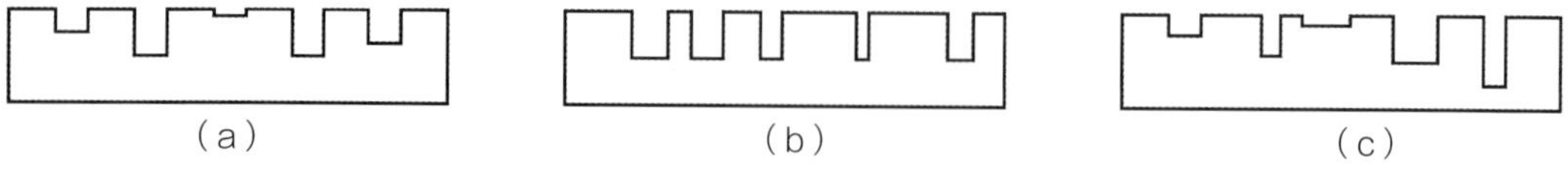

图2-5　凹版网穴类型

（a）深度可变、开口面积不变；（b）深度不变、开口面积变化；（c）深度可变、开口面积可变

3. 柔版印刷的原理及应用

柔性版印刷是使用弹性凸版、通过网纹传墨辊传递油墨的一种印刷方式，是凸版印刷的一种。在欧美等国家，柔性版仅次于平版胶印成为第二大印刷方式。

柔性版是以橡胶或感光性树脂等弹性材料经雕刻或曝光制成的用于柔版印刷的凸印版，图文部分凸起，非图文部分凹下。印刷时先由墨槽中的输墨辊将沾上的低黏度、高流动性的油墨输送给传墨辊，再由刮墨刀将网纹传墨辊表面多余的油墨去掉，而后由传墨辊将油墨均匀地涂布在印版滚筒表面上，当承印材料通过印版滚筒和压印滚筒之间时，在压力作用下印版上的图文转移到承印材料上，最后干燥完成印刷过程，原理如图2-6所示。

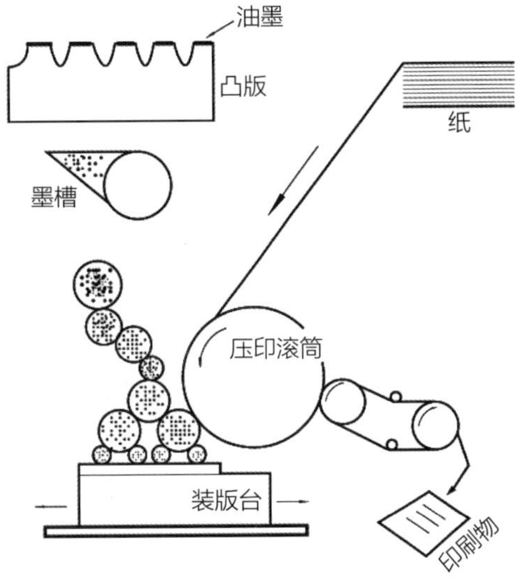

图2-6　凸印间接印刷原理图

柔性版最显著的特点是柔软和具有高弹性，因此，在把柔性版包裹在滚筒上时，印版会产生弯曲变形，产生一定的伸长，所以要根据柔性版的变形系数计算缩版系数，对图文进行修正。

柔性版印刷中使用了柔软富有弹性的印版，印刷压力仅为（9.81 ~ 29.43）$\times 10^4$pa，对各类承印材料有很广泛的适应性。可以应用于软包装印刷、标签印刷、纸容器印刷、报刊印刷等方面。

4. 丝网印刷的原理及应用

丝网印刷是孔版印刷的一种。丝网印版，将丝网绷紧在网框上，然后涂布感光胶，形成感光版膜，再将丝网版经曝光、显影，空白部分受光形成固化版膜，将网孔封住，图文部分的网孔没见光，漏出网孔。

印刷时在丝网印版一端上倒入油墨，用刮板在丝网印版上的油墨部位施加压力，同时朝丝网印版另一端移动。油墨在移动中被刮板从图文部分的网孔中挤压到承印物上，如图2-7所示。

丝网印刷不但可以在平面上印刷，也可以在曲面、球面及凹凸面的承印物上进行印刷。另一方面，丝网印刷不但可在硬物上印刷，还可以在软物上印刷，不受承印物的质地限制。除此之外，丝网印刷除了直接印刷外，还可以根据需要采用间接印刷方法印刷，即先用丝网印刷在明胶或硅胶版上，再转印到承印物上。

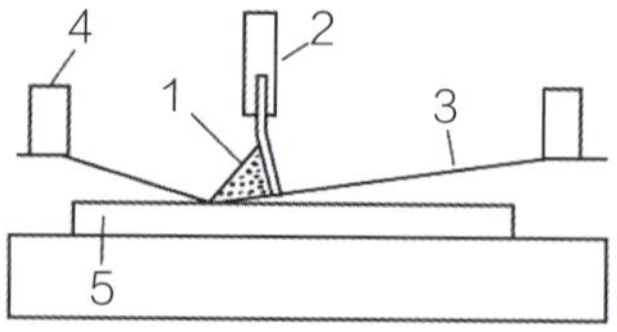

图2-7 丝网印刷示意图

丝网印刷的墨层厚度一般可达30μm左右。专门印制电路板用的厚丝网印刷，墨层厚度可至1000μm。用发泡油墨印制盲文点字，发泡后墨层厚度可达1300μm。丝网印刷墨层厚，印刷品质感丰富，立体感强，色泽鲜艳。由于丝网印刷具有漏印的特点，所以它可以使用各种油墨及涂料，不仅可以使用浆料、黏合剂及各种颜料，也可以使用颗粒较粗的颜料。但丝网印刷的层次再现范围较小，操作套印误差也较大，印刷精细产品难度较大。

丝网印刷应用范围广，有广告牌、灯箱广告、各种陶瓷玻璃塑料金属容器、电子工业、纺织品、门牌、路标等。

三、数字印刷基础

数字印刷是利用印前系统将图文信息直接通过传输到数字印刷机上印刷的一种新型印刷技术。数字印刷是印刷技术数字化发展的一个分支，是现代印刷技术发展的一个焦点。GB/T9851.1—2008对数字印刷的定义是由数字信息生成逐印张可变的图文影像，借助成像装置，直接在承印物上成像或在非脱机影像载体上成像，并将呈色及辅助物质间接传递至承印物而形成印刷品的印刷方法。

数字印刷采用全数字化的生产系统，从信息的输入一直到印刷，多数数字印刷机也可连接数字化的印后装订系统，实现全程数字化生产。数字印刷可以从一张做起，真正做到按需印刷，满足人们个性化的需求。

1. 数字印刷系统

数字印刷系统主要是由印前系统和数字印刷机组成。有些系统还配上装订和裁切设备。工作原理是操作者将原稿（图文数字信息）或数字媒体的数字信息或从网络系统上接收的网络数字文件输出到计算机，在计算机上进行创意，修改、编排成为客户满意的数字化信息，经光栅图像处理器（RIP）处理，成为相应的单色像素数字信号传至激光控制器，发射出相应的激光束，对印刷滚筒进行扫描。由感光材料制成的印刷滚筒（无印版）经感光后形成可以吸附油墨或墨粉的图文然后转印到纸张等承印物上。图2-8为HP indigo5600数字印刷机。

2. 数字印刷的分类

数字印刷根据其成像技术原理不同，有静电印刷、喷墨印刷、电凝聚印刷、磁记录印刷等。

（1）静电印刷　静电印刷是指利用正、负静电的吸引力进行油墨转移的印刷方式，属于无压印刷，是应用较广泛的数字印刷技术，也是大多数复印机和激光打印机的基础。

静电印刷的感光剂是光导电物质，这些光导体物质在黑暗中为绝缘体，在光照条件下电阻下降，成为导体，如硒半导体，曝光前后电阻相差1000倍以上。

静电印刷基本原理是利用激光扫描的方法在半导体上形成潜影，再利用带与潜影相反电荷的色粉对潜影进行显影，最后将色粉影像转移到承印物上，经过定影在承印物表面固定，完成印刷。静电印刷依靠异性电荷吸引完成图文信息的转移，所以一般不借助压力，原理见图2-9。

图2-8　HP indigo5600数字印刷机

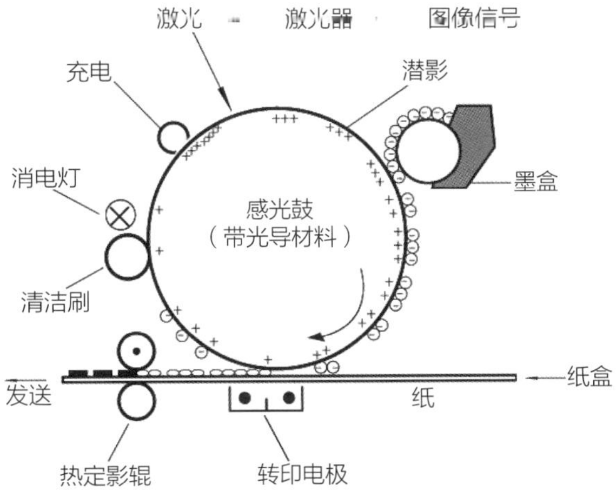

图2-9　静电印刷原理图

静电印刷过程一般分为6个阶段：充电、曝光、显影、转印、定影、清洁。

①充电。即使光导鼓或光导皮带表面带有均匀分布的电荷，使其具有足够的电位，通过在黑暗无光环境中完成充电。

②曝光。激光器或LED发射出的光束，经反射镜射入声光偏转调制器，同时，由计算机送来的二进制图文信息加至声光调制器上。调制后的光束投射到旋转的光导鼓表面的光导体上，被光照射的光导体部分其电阻下降，电荷通过光导体流失，而未照光部分仍然保留着充电电荷，从而形成静电潜像。

③显影。曝光结束后，带有静电潜像的光导鼓接触带电的油墨或墨粉（极性与静电潜影正好相反），通过带电色粉与静电潜影之间的相互吸引使潜影可视化，即光导鼓上被曝光的部分吸附墨粉，形成图像。

④转印。将色粉或油墨通过直接或间接的方法转移到承印物上的过程，如indigo系列的数字印刷机，将影像转移到橡皮布上，然后再转印到承印物上。

⑤定影。一般采用加热和压力的方式使墨粉或油墨固着在纸张上，完成静电印刷。

⑥清洁。采用机械或电子方式对光导鼓表面进行清洁，去除残留的剩余电荷和色粉，为下一次印刷做好准备。

（2）喷墨印刷　喷墨印刷是根据计算机的指令将细微的墨滴导向承印物的一定部位，使之产生可视文字或图像的一种无接触印刷方式。

喷墨印刷一般分为两类，一类是连续喷墨印刷，另一类是按需喷墨印刷。

连续喷墨印刷原理是：在印刷过程中，其喷嘴连续不断地喷射出墨滴，再采用一定的技术方法将连续喷射的墨滴进行分流，使对应图文部分的墨滴直接喷射到承印物上，形成图像，而对应非图文部分的墨滴则被偏转喷射方向，而被喷射到回收槽中转移回收。

按需喷墨又称为随机式喷墨技术，这是一种通过电子信号控制墨滴动量，需要记录时才产生墨滴喷射动作，且系统产生的每一个墨滴均将喷射到纸面而形成记录点。

3. 数字印刷的应用

数字印刷全程实现数字化，工序相比传统印刷大为简化，在个性化印刷及急件上有着绝对的优势。

数字印刷现在应用范围也越来越广。比如在包装印刷行业可以应用于包装物的标签、条形码的打印；可以应用于印刷流程中的彩色预打样；可以应用于商业印刷中各种单据、票据、宣传单的印刷；可以应用于传统书籍的印制；可以应用于台历、相册等的个性化产品的印制等。

四、印刷工艺流程

一般来说，一单印刷业务从业务咨询开始，经过业务洽谈、签订合同、设计制作、确认设计稿、制作样品、客户签样、印刷制作、送货上门、客户签收及售后服务环节，完成一个订单。其中生产环节主要从设计制作开始到制作成成品，一般分为印前、印刷和印后三个主要工艺环节，具体如下：

（1）印前工艺　主要指根据客户要求完成原稿素材的采集与处理，稿件的设计及处理，拼大版，然后在色彩管理的基础上进行数字打样，接着输出印版，或者在拼大版结束后准备发往数字印刷的工作站。

（2）印刷工艺　利用印刷机输出印刷样张的过程。

（3）印后工艺　对印刷样张进行的后工序处理，如裁切、上光、覆膜、模切压痕、折页、糊盒、装裱、烫金等工艺环节。

五、数字印前工艺流程

在数字印前工艺中，图像的输入主要采用扫描仪和数码相机等输入设备将数字信息输入到计算机。制作人员按照设计人员的要求，通过计算机将图像、图形、文字处理后组成一幅完整的页面，页面信息在光栅图像处理器（RIP）中进行页面解释、加网等处理，并使用打印机、直接制版机或数字印刷机等输出设备输出。如果需要对制作的结果进行修改，也非常方便、快速，基本上所有的修改工作都可以在计算机上完成，而且浪费也降低到最低限度。图2-10为数字印前工艺流程图。

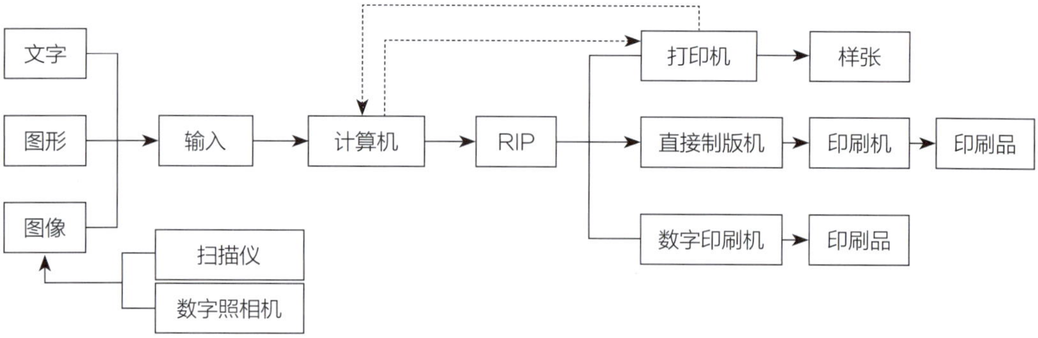

图2-10　数字印前工艺流程图

第三节　图像处理基础

一、图像基础

广义上，图像来自客观世界的风景、人物、工业产品、动物和建筑等，是客观物体在二维平面上的投影。狭义上，图像就是所有具有视觉效果的画面，它包括纸、电视、投影仪或计算机屏幕等介质上的画面。

图像根据图像记录方式可分为两大类：模拟图像和数字图像。模拟图像可以通过某种物理量（如光、电等）的强弱变化来记录图像亮度信息，例如模拟电视图像；而数字图像则是用计算机存储的数据来记录图像上各点的亮度信息。现在数字印前工艺中主要使用数字图像。

1. 图像分辨率

（1）像素　像素是图像构成的最小单元。每个像素都有一个明确的位置和被分配的色彩数值。

像素的基本属性有：原色通道数（用于表示像素颜色的原色数量，例如用RGB颜色空间表示颜色，通道数为3；用CMYK颜色空间表示颜色，通道数为4）；每个通道的灰度值；以行列号表示的位置属性。

（2）图像分辨率 图像分辨率是指单位长度上的图像像素数，决定了图像的精细程度。在同样大小的面积上，图像分辨率越高，像素点越精细，图像也越清晰，图像文件所需的磁盘空间也越大，图像文件所需的存储空间也越大，编辑和处理所需的时间也越长，如图2-11所示为不同分辨率的图像效果。通常用像素点/英寸（ppi）来表示。数字图像的分辨率通常以“图像的长度（像素数）×宽（像素数）”定义。

若某一图像尺寸为宽2in，高3in，其分辨率为100ppi，则图像含有2×3×100个像素，即此图含有600个像素。

（3）颜色位深度 颜色位深度是指在记录数字图像的颜色时，计算机用多少位的二进制数值表示像素的颜色信息。每个像素的颜色位深度值为像素的原色通道数与单通道位深度值的乘积。如黑白二色的图像，只有黑、白两种颜色，即它的每个像素只有1位颜色，位深度是1，用2的一次幂来表示；8位颜色的图，位深度就是8，用2的8次幂表示，它含有256种颜色。24位颜色可称之为真彩色，位深度是24，它能组合成2的24次幂种颜色，即：16777216种颜色，超过了人眼能够分辨的颜色数量。

2. 颜色模式

数字图像记录图像颜色信息的方法，或者说是将某种颜色表现为数字形式的模型。常用的颜色模式有：RGB模式、CMYK模式、HSB模式、Lab颜色模式、位图模式、灰度模式、索引颜色模式、双色调模式和多通道模式。

（1）RGB模式 RGB是通过对红（R）、绿（G）、蓝（B）三个颜色通道的变化以及它们相互之间的叠加来得到各式各样的颜色的，RGB即是代表红、绿、蓝三个通道

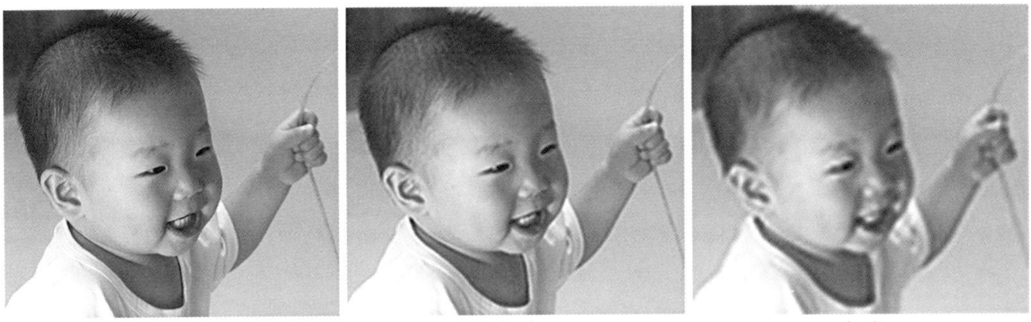

（a）　（b）　（c）

图2-11 不同分辨率效果图
（a）300 ppi；（b）150 ppi；（c）72 ppi

的颜色。计算机定义颜色时R、G、B三种成分的取值范围是0～255，0表示没有刺激量，255表示刺激量达最大值，RGB模式的图最多可以呈现16777216种颜色。RGB模式适用于在显示器、投影仪、扫描仪、数码相机等设备上显示的图像。

（2）CMYK模式　CMYK颜色模式是一种印刷模式，CMYK代表彩色印刷所用的四种基本油墨色。CMYK的取值范围为0～100%。适用于用于打印机或印刷机输出的图像。

（3）HSB颜色模式　HSB 色彩模式是基于人眼的一种颜色模式。是众多设计软件中常见的色彩模式，其中H代表色相，S代表饱和度，B代表亮度。在0～360° 的标准色轮上，色相是按位置度量的，所以取值范围为0～360。饱和度表示色相中彩色成分所占的比例，用从0（灰色）～100%（完全饱和）的百分比来度量。亮度是颜色的相对明暗程度，是从0（黑）～100%（白）的百分比来度量的。

（4）Lab颜色模式　Lab颜色模式是根据CIE（法语Commission Internationale de l'Eclairage，采用法语简称为CIE）在1931年所制定的一种测定颜色的国际标准建立的，于1976年被改进，并命名的一种色彩模式。Lab模式所定义的色彩最多，且与光线及设备无关，也是一种基于生理特征的颜色模型，见图2-12。Lab颜色模型由三个要素组成，一个要素是亮度L，a和b是两个颜色通道。a通道的颜色是从红色到深绿，b通道则是从蓝色到黄色。两个分量的变化都是从-120到+120。当a=0、b=0时显示灰色，同时L=100时为白色，L=0时为黑色。

Lab颜色模式所包含的颜色范围最广，能够包含有所的RGB和CMYK中的颜色，CMYK模式所包含的颜色最少。

（5）位图模式　用两种颜色（黑和白）来表示图像中的像素。位图模式的图像也叫作黑白图像。由于位图模式只用黑白色来表示图像，故在将图像转换为位图模式时会丢失大量细节。

（6）灰度模式　用单一色调表现图像，一个像素的颜色用8位来表示，一共可表现256阶的灰度等级，即只有黑、白

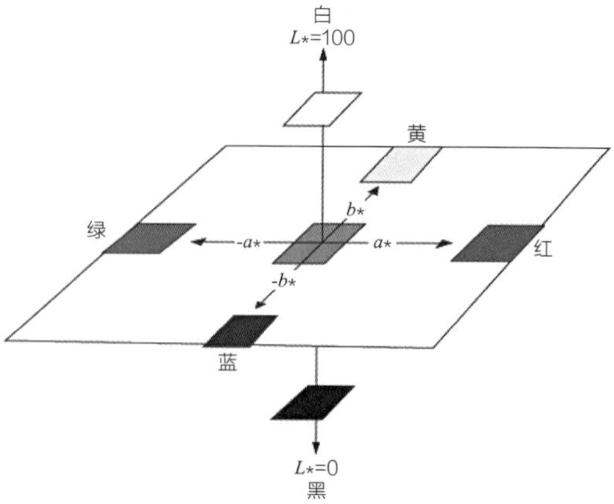

图2-12　Lab颜色空间

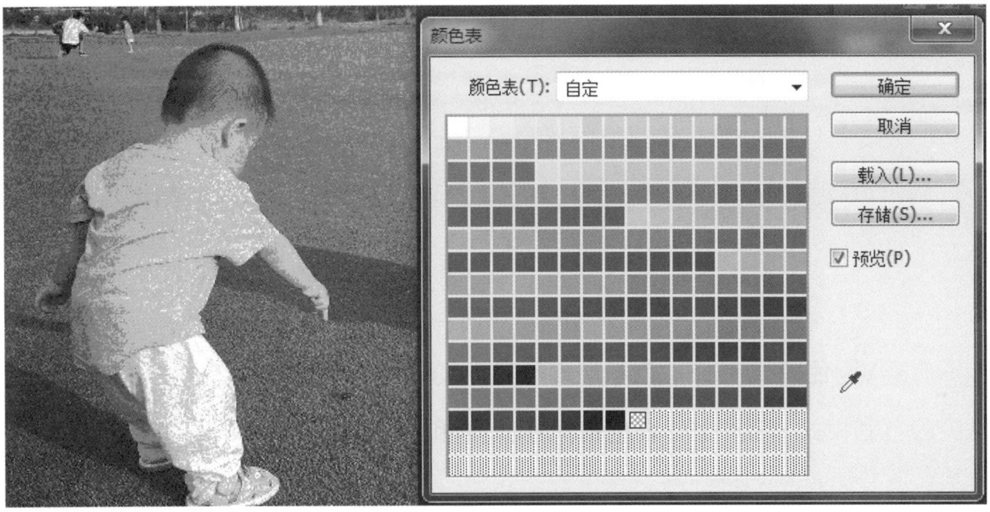

图2-13　索引图及索引颜色表

和各种深浅不同的灰。亮度值0表示黑色，255表示白色。

（7）索引颜色模式　索引颜色模式是采用一个颜色表存放并索引图像中的颜色，如图2-13，使用最多256种颜色，是网络和动画中常用的图像模式。索引模式通过限制调色板中颜色的数目来减少图像文件大小，同时在视觉的品质上没有太大的变化。在网页中常常使用索引模式的图像。

（8）双色调模式　双色调模式采用2～4种彩色油墨混合来创建双色调、三色调、四色调的图像，在将灰度图像转换为双色调模式的图像过程中，可以对色调进行编辑，产生特殊的效果，该模式只能由灰度模式转换而来。使用双色调的重要用途之一是使用尽量少的颜色表现尽量多的颜色层次，减少印刷成本。

（9）多通道模式　在多通道模式中，每个通道都用256灰度等级存放着图像中颜色元素的信息。该模式多用于特定的打印或输出。当图像转换为多通道模式时，原始图像中的颜色通道在转换后的图像中变为专色通道。如将CMYK图像转换为多通道模式，可以创建青色、洋红、黄色和黑色专色通道。将RGB图像转换为多通道模式，可创建青色、洋红、黄色专色通道。通过将RGB、CMYK或Lab 图像中删除一个通道，可以自动将图像转换为多通道模式。若要输出多通道图像，需以photoshop DCS 2.0格式存储图像。如果图像中只使用了一两种或两三种颜色时，使用多通道颜色模式可以减少印刷成本。

二、图像处理

图像处理是按特定的目标，用一系列特定的操作来“改造”图像的工艺、技术或方法。特定目标是指设法使得图像看上去更清晰、更美观，更符合使用要求，或者更能满足人们的视觉感受。数字图像处理是按特定的使用目标和视觉要求，用计算机处理和加工图像数据是印刷和电子出版的主要操作内容。图像处理的主要内容有：图像的获取、编辑、创意处理、修正、颜色转换、加网处理等。

图像获取主要来源途径有相机拍摄、扫描仪扫描、光盘或图库下载、视频采集等。

图像的编辑包括图像的裁剪、缩放及分辨率调整、变形、变换等；图像修正包括颜色的校正、层次阶调的变换、清晰度处理。

图像颜色转换包括颜色模式转换、不同颜色空间的转换、分色处理等。

加网处理包括调幅、调频或混合加网。

1. 图像的输入

数字图像的输入为印前图像处理提供最原始的数字图像信息，图像输入质量的高低直接影响到最终印刷品的质量。

数字图像的输入较常采用的有两种方法；扫描仪扫描输入和数码相机拍摄输入。前者用于模拟图像原稿的数字化输入；后者主要用于立体的甚至是动态的自然景物的数字化输入。

扫描仪主要用于将模拟的图像信息（或文字信息），通过软件输入计算机的光学设备（实现信息的模/数转换）。扫描工艺流程为：确定扫描仪处在正常工作状态、分析原稿、预扫描、正式扫描、存储扫描图像。

（1）扫描前的准备　在使用扫描仪前，应先检查扫描仪的连线是否连接好，并且保持扫描仪的清洁卫生，使扫描仪处于标准状态。然后，打开扫描仪预热，至少要预热3min以上，高档扫描仪时间应更长一些，这样可以保证扫描的照明系统达到稳定的状态，扫描效果更好。

扫描前要对扫描仪进行白平衡定标。滚筒扫描仪和电子分色机的白平衡定标需要手动操作，将分析头对准滚筒的透明部分（反射稿扫描对准标准白纸），将C、M、Y和US四个通道的基本电信号调节至相等。平台扫描仪内部由设备供应商内置了标准白平衡板，在开始每一个扫描任务之前，扫描仪都会自动进行白平衡定标。

（2）原稿的准备　原稿是整个扫描工作的基础，直接决定了扫描图像的质量，所以在扫描前需确定原稿没有脏污、划痕、破损等损伤。原稿色彩再现正常、层次丰富、清晰度高、颗粒细腻。若不是很理想，要分析复制主体的层次、色彩、清晰度等特点。必要时可以在原稿旁边贴上相应的测控条，通过测量来分析扫描输入前后阶调和颜色信息的误差。

用平板扫描仪扫描时，原稿适宜放置在玻璃板的中心，保持原稿边与定位标尺平行，整个原稿与玻璃平台密接。

用滚筒扫描仪扫描时，必须将原稿牢牢贴服在滚筒表面。反射稿可用透光性能良好的透明胶带固定，透射稿须需先在专用的扫描仪溶液中浸泡，然后贴在滚筒表面并用透明聚酯薄膜或透明胶带固定。

在扫描透射稿的过程中，尤其是以较大倍率放大扫描透射稿时，很容易产生牛顿环现象。此时可以在原稿贴滚筒或平台的那一面上涂布一种介质，以减少气泡。这种介质多为液体石蜡或是细的喷粉。

（3）预扫描　打开扫描软件，首先是以较低的分辨率对图像快速扫描，目的是确定扫描工作范围，并对一些扫描参数做出正确的设定，如确定扫描范围、通过预扫描的图像分析原稿的基本层次、颜色特征，以便对层次和颜色进行基本设置和适当的调节。

预扫描之前通常要对以下几个参数进行设定：

①选择原稿类型，通常包括反射型、透射型、负片型。

②图像颜色模式，图像数字化过程中，必须根据原稿的类型和扫描后的要求来选择图像模式。通常有线条模式、灰度模式、RGB模式、CMYK模式、Lab模式。

（4）扫描　在预扫描的基础上对扫描参数做设定，就可以开始扫描了。

在扫描参数中，分辨率的设定非常重要。

$$扫描分辨率=加网线数\times放大倍数\times加网质量因子$$

加网质量因子的取值范围是1.5～2.0，扫描时通常选择2。如印刷要求加网线数为

150 lpi，对图像不做缩放处理时，扫描分辨率设置为300dpi。

若扫描的为线条稿或纯文字稿，建议扫描分辨率不低于900dpi。

（5）保存扫描图像　例：印刷品的扫描

①进行扫描介质类型的选择。该例为印刷品，所以扫描介质选择反射稿，如图2-14所示。

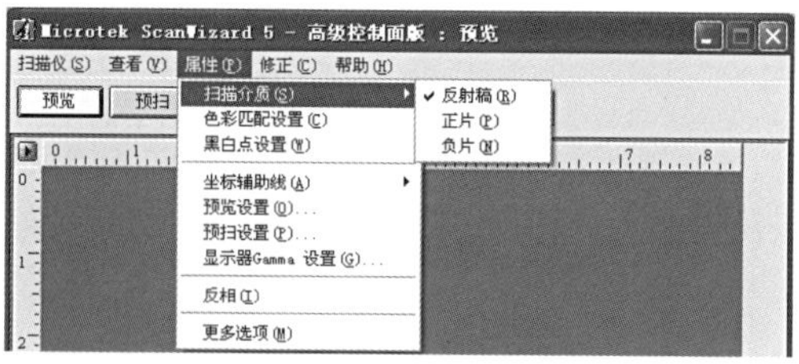

图2-14　扫描介质的选择

②选择扫描图像模式，该类选择为RGB色彩，因在扫描后需在photoshop软件中做一定的处理，如图2-15所示。

③预扫描，确定扫描区域范围，采用低分辨率，分析原稿的基本层次、颜色，如图2-16所示。

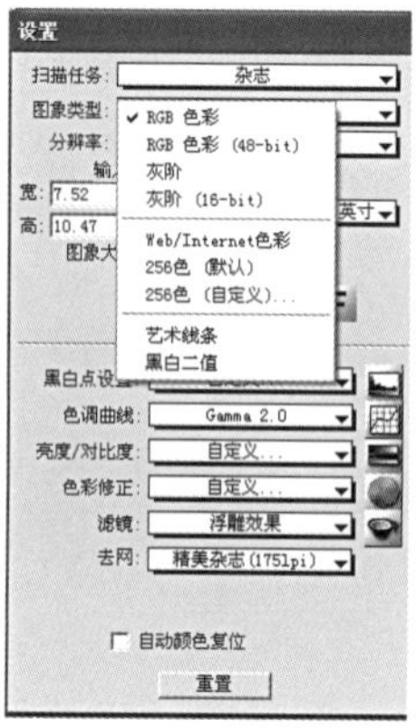

图2-15　图像颜色模式的设置

图2-16　预扫描

④设置图像的分辨率，该例中扫描图像将用于印刷，不放大处理，所以扫描分辨率设定为300 dpi。

⑤在扫描参数中，根据预扫的情况对黑白点进行参数设置，如图2-17所示。

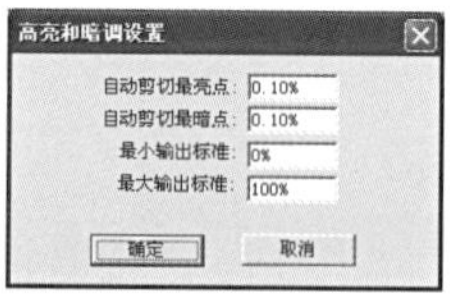

图2-17　黑白场的设置

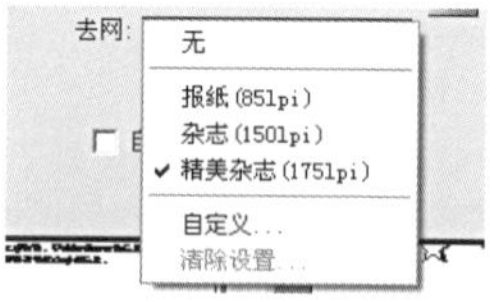

图2-18　印刷品去网设置

⑥去网设置。当原稿为印刷品时，带有网点，再次扫描时又会经过规律的采样，而且再次印刷时又必然产生新的网点，这些重叠容易产生难看的龟纹，所以对于有网点的印刷品在扫描时，需进行去网设置。该例扫描对象为精美杂志印刷品，故采用175 lpi去除网纹，如图2-18所示。

⑦扫描保存路径，选择图像格式，如图2-19所示。

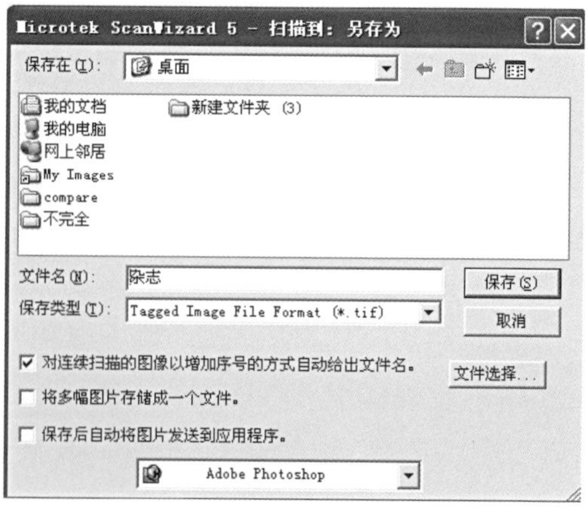

图2-19　扫描保存路径的设置

2. 数码相机输入

数码相机是一种纯数字式的图像采集设备，它借助光学成像系统、光电转换器件和A/D转换器件，将被拍摄的景物直接转换成数字图像并存储于数据载体上。由于数字照相机采集像素数等性能的迅速提升，在印前领域也得到了广泛的应用，是数字图像输入的常用途径。

数码相机的输入较为简单，在设置好相机参数，进行拍摄后，数字图像就已经在存储介质上了，只要将数码相机用数据线和计算机相连接，就可以把图像复制到计算机中了，或者可以将数码相机中的存储器取出，用读卡器将图像读取到计算机中。

三、图像的调整

通过扫描仪或数码相机完成图像输入，获得数字图像原稿。对于数字图像原稿在采集过程中造成的一些不足，在数字印前系统中可以进行处理。在图库中获取的图像，或许也有不符合设计需求的，需要做一定的处理。图像印前处理的内容主要有：阶调层次的调整、色彩的校正以及清晰度的调整，每幅数字原稿的特点不同，需要进行的处理也不同。

1. 图像分辨率的调整

对图像进行分辨率的调整，实际上是对图像进行重新采样，无论是提高分辨率还是降低分辨率，其操作与使用的差值算法有关。在实际应用中应根据数字图像的像素分布特征和来源，尽可能保留那些由图像数字化设备捕捉的像素。如果有可能，尽量保持调整前后的参数成倍数关系。用于印刷的图像，最好不要采用插值法来提高图像的分辨率或物理尺寸。最好在获取原图的时候就采用适当的参数获取，如在photoshop中调节图像分辨率的时候红色框标识处的选项建议不选，如图2-20所示。

2. 图像层次的调节

层次指图像颜色明暗或深浅的分级。侧重对明暗等级之间差别的大小进行描述。例如："拉开或压缩层次"是指将明暗等级之间的差别增大或减小。层次是图像非常

图2-20　调整图像分辨率

重要的指标之一。

（1）层次调节的必要性　原稿种类繁多，密度相差较大，部分原稿其密度范围超过印刷复制能再现的区域，所以需要对原稿层次进行压缩。印刷工艺中的扫描、晒版、印刷等工艺环节以及印刷耗材等的非线性化影响，导致彩色复制中层次的再现无法呈线性化状态。

①人类的身心需求。产品密度和人眼的明暗感觉不呈线性关系，并不是对图像中的任何变化都能感知。人眼的视觉明暗差别在密度较小的部分较敏感，在密度较大的部分相对较迟钝。所以层次调整中对暗调压缩多一些，亮调压缩少一些。

②艺术加工的需求。要根据原稿和客户对复制品在艺术加工上的要求灵活掌握，强调主要部分，压缩次要部分，突出主题。

（2）层次调节的工具　除了部分图像在扫描输入时对层次做调节，更多的时候印前工作者会在Photoshop软件中调节图像的层次，其中主要使用曲线工具、色阶和滴管工具定黑白场来进行调节。

①黑白场定标。黑白场定标也称为白场、黑场定标，又为高调点、暗调点的定标，它是指在保持图像细节不变时一幅图像上最亮的和最暗的色调值。

白场是指原稿上尚有层次的最亮处，但不一定是原稿上的最亮处。黑场是指原稿上尚有层次的最暗处，但不一定是原稿上的最暗处。白场和黑场之间的密度范围应涵盖原稿的所有层次变化。

白场、黑场定标的目的是使原稿上需要复制的密度范围（白场—黑场）与印刷所能表现的阶调范围相对应。

黑白场定标的原则：

a．选择原稿上的次亮密度点和次暗密度点作为白场和黑场。

b．应选择中性白和中性黑作为白场和黑场。

c．白场黑场应选择在原稿需要复制的主体上。

d．应多选择几个密度点进行比较、判断，最终确定合适的密度点作为白场和黑场。

设置黑白场将适当地重新分布中间调像素。一般通过将最亮和最暗的密度值分配给图像中最亮和最暗区域的方式来进行设置。

黑白场定标有三种方式：自动定标、中性灰定标、手动方式定标。

②色阶工具。色阶是利用直方图对图像进行阶调层次调整的方法。下图红框内即为左图对应的直方图。直方图是图像阶调组成的柱状图标，直方图左黑右白，左边代表暗部，右边代表亮部，而中间则代表中间调。纵向上的高度代表像素密集程度，越高，代表的就是分布在这个亮度上的像素越多。

在Photoshop软件中选择【图像】/【调整】/【色阶】弹出如图2-21所示的直方图对话框。利用直方图下方的三个三角形可以调整图像的层次关系。

③曲线工具。执行【图像】/【调整】/【曲线】命令，打开曲线对话框，如图2-22所示，其中横坐标代表原始数据，纵坐标代表输出的数据。根据调整图像的层次分类，曲线主要有如图2-23所示的几类。

图2-21　图像直方图

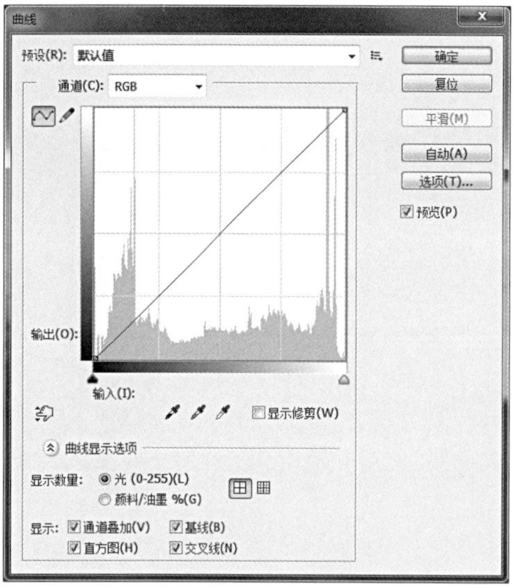

图2-22　Photoshop中的曲线工具

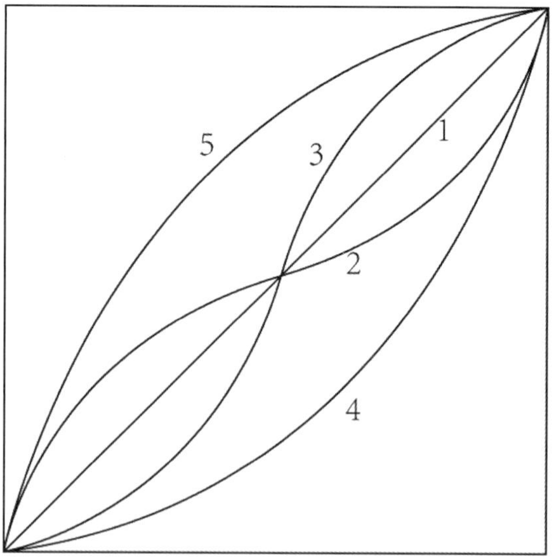

图2-23　常用的层次调节曲线

图2-23中的1号曲线为45° 直线，代表输出的图像数据与原始的图像数据相同。2号曲线表示高光暗调两个区域拉开层次，中间调压缩，它适用于中间调极少的原稿，如逆光拍摄的图片及雪景等图片。3号曲线表示将高光暗调的层次压缩，同时将中间调部分的层次拉开，这是使用频率最高的曲线。在调节时，要注意根据人眼特性，亮调不能压缩太多。4号曲线为拉开暗调层次，压缩亮调层次并同时减淡中间调，这种曲线常用于调整曝光不足的图像。5号曲线为压缩暗调层次，加深中间调，同时将亮调部分加深并且拉开层次分布。这种曲线适用于亮调层次丰富、中间调及亮调偏薄的情况，如摄影曝光过度的图像。

3. 图像颜色的调整

图像颜色的调整主要是解决在复制过程中各个工艺环节及材料导致的色误差，从而实现理想的颜色再现。颜色的调整一定在层次调整后进行。

在颜色调整前，需先对所用设备进行标定，为了使屏幕显示与打样结果尽可能一致，建议使用标准光源，并保证光源的稳定。其次，就是准确的对原稿的颜色进行判断。

（1）判断原稿是否偏色

①利用中性灰平衡数据判断。由于人眼对于灰色特别敏锐，如果灰色稍有偏色，

肉眼很容易察觉出来。在生产作业中，不同的设备、参数、耗材等组合在一起灰平衡的数据是不同的。在校色过程中需要根据企业的灰平衡数据去判断图像是否偏色。一般是从中性的区域判断，观察黑白灰是否偏色。

②利用记忆色判断。在生活中，人们对有些颜色非常熟悉，如天空的蓝色、人物的肤色、草地的绿色等，记住这些颜色的四色印刷颜色值，可以根据图像中对应部分的数据与记忆数据对比，判断是否偏色。比如典型的亚洲人肤色（C15M43Y53K0）、非洲人肤色（C35M45Y53K0）、蓝天（C60M23Y0K0）、偏暖的蓝天（C60M45Y0K0）、偏冷的蓝天（C60M15Y0K0）。

（2）确定偏什么颜色

①以中性灰为基准，判断原稿是偏什么颜色。

②以人物特征的肤色为基准，结合人们的心理期望，判断偏什么颜色。

③以客观事物为基准，判断偏什么颜色。

（3）偏色纠正方法

①白色调的纠偏。如果白色调中有层次质感，应用曲线工具的白场滴管进行纠正，白色调中没有层次，则可用校色工具中的白色块工具来纠正色偏。

②中调灰色纠偏。使用曲线工具的灰场滴管来进行纠正。

③黑色调纠偏。如果黑色调中有层次质感，应用曲线工具的黑滴管进行纠正，黑色调中没有层次，则可用校色工具中的黑色块工具来纠正色偏。

④彩色部分纠偏。利用软件中的色相进行纠正。

4. 图像清晰度调整

图像清晰度主要有以下含义：图像分辨率高低。图像分辨率越高，反映的细节也就越多，图像清晰度也就越高；图像中相邻阶调层次的密度差别。密度差越大，则清晰度越好；图像网点的边缘虚实情况。边缘越实，清晰度越好。

印前图像清晰度调整包括模糊化处理（去网）和清晰度强调（锐化）。

（1）去网　印刷品的制作过程决定了实际的印刷品是由网点组成的，扫描抽样也是网状的。因此，如果未经处理，扫描时在网点之间会形成花纹，称为“撞网”。这些花纹的外形细看较像龟甲，因而又称其为“龟纹”。在扫描过程中可以通过扫描软件的设置来进行网纹的去除，除去此方法，还有常用的是在图像处理软件中进行去网。

①在photoshop软件中，可以通过【滤镜】/【杂色】/【去斑】命令，去除扫描印刷品上的小网点。

②执行【滤镜】/【模糊】/【高斯模糊】命令，“高斯模糊”向各个方向产生模糊，可以较好的消除网纹效果，但使用它付出的代价是让一切都变模糊。通过将模糊半径逐渐调大，观察画面效果，直到达到理想的效果。

③执行【滤镜】/【模糊命令】/【特殊模糊】命令，先将半径调到最低，阈值调到最高。 然后将半径的数值逐渐增大，此时画面好像慢慢被抹平一样，直到画面上的颗粒纹路看不到后停止。

（2）锐化　图像的清晰度包括：能分辨出细小线条间的区别，能看清楚线条边缘的轮廓，能看清图像细小层次间的反差。

Photoshop软件中的USM锐化是常用的清晰度强调方法。其他的锐化命令可以根据原稿的情况来选择应用。

第四节　图形基础

对于计算机来说，图形和图像是两种很不相同的对象，图形与图像的生成、描述、存储、处理以及输出等方面都存在差异，然而，图形与图像在很多场合下又是很难区分的。随着多媒体技术的飞速发展，图形和图像的结合日益紧密。图像软件往往包含图形绘制功能，而图形软件又常常具备图像处理功能。

一、图形的定义

图形是由人工或由计算机构造、具有某种形体特征的视觉信息体。

在印前处理中，图形是由外部轮廓线条构成的矢量图，具有某种形式特征和填充效果的二维或三维画面视觉信息体。矢量文件中的图形元素称为图元。每个对象都是一个自成一体的实体，它具有颜色、形状、轮廓、大小和屏幕位置等属性。点、直线、矩形、圆、椭圆、圆弧、Bezier曲线和样条曲线等都是组成图形的基本图元。每个基本图元由输入的形体特征参数（几何坐标参数）和属性数据（包括色彩、线型以及点符的大小等）来定义。

二、图形的特点

矢量图形最大的优点是无论放大、缩小或旋转等不会失真，而且无论拉多大，文件大小不变。一次制作就可以满足任意情形下的使用。最大的缺点是难以表现色彩层次丰富的逼真图像效果。常用于图案、标志、VI、文字等设计。图2-24所示的（a）图为矢量图形，放大后边缘仍然是光滑的，而（b）图为点阵图像（位图），放大后可见明显的锯齿。

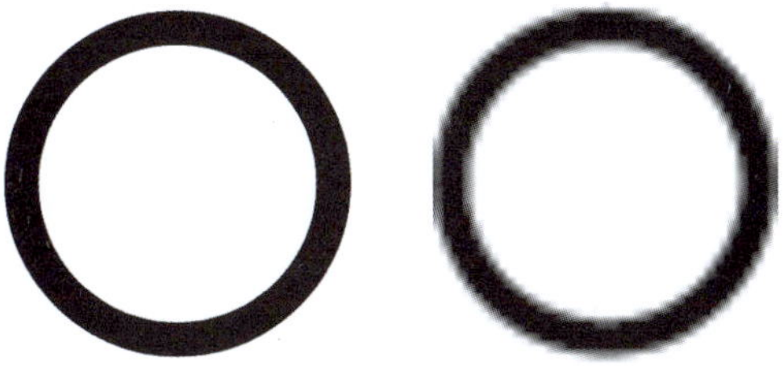

（a）　　（b）

图2-24　图形和图像特点
（a）矢量图形；（b）点阵图像

制作图形时考虑到印刷的特性，其轮廓线线宽设置通常不应小于0.1mm，阴线宽度设置不小于0.12mm。

第五节　文字基础

文字信息处理，是先将文字信息数字化，即用一个固定的数字代码代表一个字母或文字，英文以单个字母为单位，每个字母对应相应的代码，汉字以整字作为单位，因此每一个字对应唯一的代码。计算机在处理完文字信息后，再把代码还原成相应的文字。

一、文字类型

文字本质上是一种图形，现在计算机文字的外形由矢量方法定义，内部填充。

计算机文字的发展历程中出现了点阵字体、矢量字体和曲线字体三种。

1. 点阵字体

也称为位图字体，是由一个个的像素组成，字体用0与1来表示字的黑与白。常见的汉字点阵字模有16×16、32×32、48×48、72×72、256×256等，网格数越多，文字越光滑。点阵字体在显示和硬拷贝输出时不需要做填充处理，因此还原速度快，并且当显示与打印输出时所用字号与字库一致时，质量非常好，但点阵字体的数据量大，不同字号的点阵字需要多套字库，点阵字体放大后会出现锯齿边，点阵字体不易实现旋转等操作，无法满足高质量印刷的要求。

2. 矢量字体

矢量字体的轮廓由一系列的直线段描述，由于该字体用直线段逼近曲线，难以保证字符轮廓的边缘光滑性。它的质量比点阵字体有了很大的改进，字符放大后不会产生锯齿，旋转变倍等操作也容易实现。

3. 曲线字体

曲线字体是用贝塞尔（Bezier）曲线或样条（Spline）曲线来描述字的轮廓，然后进行填充的，该字体可以任意缩放、旋转，不会出现锯齿现象。典型的曲线字体有PostScript字体、TrueType字体。

（1）PostScript字体　PostScript字体是Adobe公司的PostScript语言描述的一种曲线字体，也简称PS字体。PS字体是专门为PostScript设备输出所设计的，一般都是安装在PostScript输出设备中，由于计算机不是PostScript设备，所以PS字体不能用于屏幕显示。所以在使用PS字体时应有两套字体，一套PS字体，用于PS设备输出；另一套对应的位图字体安装于计算机系统的字库中。由于PS字体高品质的输出性能和显示时的缺陷，Adobe公司推出了ATM（Adobe Type Manager）技术，安装ATM后，PS字体可以在屏幕上显示品质良好的字体，而且可以在任何位图输出设备上输出高品质的字形。

使用PS字体的工作流程：首先用支持PS字体的软件选择PS字体对文字进行排

版。打印输出时，驱动程序把PS描述传送到打印设备。最后输出设备进行解释，在内存或字库硬盘中用PS字体使用输出设备的分辨率进行输出，即PS字体可以以任何分辨率输出。

（2）TrueType字体　TrueType字体是由AppleComputer公司和Microsoft公司联合提出的一种新型数学字形描述技术。它用数学函数描述字体轮廓外形，含有字形构造、颜色填充、数字描述函数、流程条件控制、栅格处理控制、附加提示控制等指令。其特点是：TrueType既可以用于打印字体，又可以用于屏幕显示；由于它是由指令对字形进行描述，因此它与分辨率无关，输出时是按照打印机的分辨率输出。无论放大或缩小，字符总是光滑的，不会有锯齿出现。由于使用二次曲线，相对PostScript字体来说，精度要差一些，特别是对于字号较小的文字。

二、文字属性

文字在输入或置入软件后，就需要对文字进行属性的设置，通常包括字号、字距、字形和字体样式等。

1. 字号

文字有大、小的不同变化，印前处理软件中汉字字体大小的计量，主要采用专用的号数制和点数制，其尺寸规格以正方形的汉字为准。现在计算机系统中，点数制与号数制并存使用，互为补充。

（1）号数制　汉字大小定为七个号数等级，即按1号、2号、3号、4号、5号、6号、7号由大至小排列。在字号等级之间又增加一些字号，并取名为“小几号字”，如“小4号”“小5号”等。号数制是用起来简单，使用时指定字号即可；缺点是字体的大小受号数的限制，有时不够用，大字无法用号数来表达，号数不能直接表达字体的实际尺寸，字号之间没有统一的倍数关系，折算起来不方便。

（2）点数制　点数制是目前国际上最通行的字体的计量方法。这里的“点”是国际上计量字体大小的基本单位，一般用p来表示，俗称“磅”，1p = 0.35mm。

2. 字距

字距指单个字符间的距离。中文指字与字之间的距离，英文有单个字母之间的距离，也有单词之间的词距。一般，整段文字的字据是相同的，但考虑到标点符号的语法要求，有时会有部分字距作微调，英文单词在行头和行尾也会调整字距以保证单词的完整。

3. 字形

字形，一个可辨认的图形符号，它不依赖于任何特定的设计，特指某个字的形状，如汉字的楷书、黑体、草书等多种样式。

4. 字体样式

在印前的文字处理软件中，有十多种不同的字体样式，如正体、粗体、斜体、下划线、上标、下标、空心等。可以同时设置多种字体样式，单部分样式之间会互相排斥。

5. 文字颜色

印前的相关软件中，对文字的颜色类型一般有两种，即印刷色和专色。

三、文字使用注意事项

（1）尽量使用系统常规字体，如使用特殊字体，在发送文件时需要把字库随文件发送到输出公司或者把字库嵌入到文件中，这样可以避免丢字或乱码。否则需要把所有文字做转曲处理，变成图形。

（2）版面上的黑色正文文字，需使用单色黑（C0M0Y0K100），否则容易套印不准，出现多层字。当单黑色文字在其他颜色上时，需要将黑色文字部分设置为“正片叠底”或“叠印描边”。

（3）切勿在黑底上设计有颜色的文字。文字字号较小时，尽量不在混合底色上设计反白字。如使用反白字，尽量避免使用仿宋、细等线等笔画很细的字体。

（4）版面文字一般不小于4～6p，否则容易出现断线的情况。

第六节　色彩学基础

一、颜色的形成

人们在感知这个世界时，约80%的信息是依靠人们的视觉提供的。人的视觉分为颜色视觉与形象视觉，其中颜色视觉也就是指的颜色，它是一种光学现象，是光刺激人眼的结果。因此，我们将颜色定义为光作用于人眼引起的除形象以外的视觉特性。我们所看到的颜色，是光线的一部分经有色物体反射刺激眼睛，在头脑中所产生的一种反映，下面我们一起来了解颜色。

1. 颜色的分类

按照颜色的视觉特征，将颜色分为彩色和非彩色两大类，所以通常所说的颜色是彩色和非彩色的总称。

非彩色的视觉特征是没有彩色感觉的一类颜色，有时也称为中性色，是白色、黑色和各种深浅不同的灰色。纯白色是指该物质对于一切光线都反射，其反射率等于1。纯黑色是指该物质对于一切光线都吸收，其反射率等于零。实际生活中没有纯白、纯黑的物质，氧化镁只能近似白，黑绒接近纯黑。黑白系列的非彩色只能反映物质的光反射率的变化，在视觉上的感觉是亮度上的变化。当印刷的表面对可见光谱所有波长的辐射的反射率都在80%～90%时，视觉上的感觉便是白色。反射率在4%以下则是黑色。白色、黑色和灰色物体对光谱各波长的反射没有选择性，称他们为中性色。

彩色是白黑系列以外的各种颜色。彩色具有更丰富的视觉感受，可以传达把比非彩色更丰富的信息。彩色则除了有明亮感觉外，还有色调感觉和彩度感觉，因此彩色用明度、色相、饱和度三个特性来描述。

2. 颜色的形成过程

当我们提到颜色的时候，人们习惯性的将颜色与人的感觉、外界的刺激和人的知觉联系在一起的。比如当我们提到绿色的时候，还会想到绿叶和绿色交通信号灯。当提到红色的时候，我们会想到红花和红色信号灯。颜色感觉总是存在于颜色知觉之中，很少有孤立的颜色感觉存在，所以我们习惯把人眼对颜色的感觉称为颜色视觉。

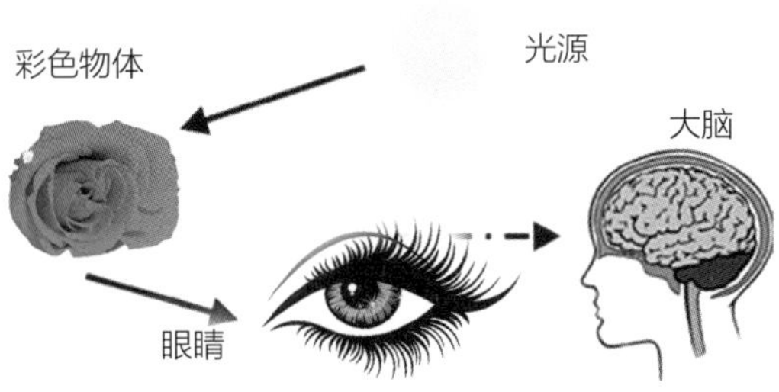

图2-25 颜色的形成过程

颜色视觉产生的过程如图2–25所示（见彩插），光源（包括太阳光与各种人工光源）发出的光照在物体表面经过物体对光选择性地吸收，反射或透射之后作用于人眼，由人眼内视细胞将光刺激转换为神经冲动由视神经传入大脑，由大脑判断出该物体的颜色。由此可知：光源、物体、眼睛与大脑是颜色视觉产生的三大要素。这三个要素不仅使人产生颜色感觉，而且也是人能正确判断色彩的条件。这三个要素中如有一个不确定或者在观察中有变化，就不能正确地判断颜色及颜色产生的效果。

3. 光

我们生长在这个地球上，一天也离不开阳光，太阳给了我们温暖，给了我们生命，给了大自然一切。如果世界没有了阳光，世界将会一片漆黑；如果没有了太阳，我们黑白不清，分不清白天晚上。因此，眼睛能看到世界万物，是因为有光。

光是一种电磁波辐射，因而光源又称作物理辐射体。国家标准GB/T 5698—2001给出了光的定义，即光是指能够在人眼的视觉系统上引起明亮的颜色感觉的电磁辐射，因此，光是刺激人眼睛的电磁辐射，光的物理性质由它的波长和能量决定，其中波长决定了光的颜色，能量决定了光的强度。波长不同，光的颜色不同。能量不同，光的明暗不同。

（1）可见光　在整个电磁波谱中，并不是所有的电磁波辐射都能引起人眼的视觉反映，只有波长380～780nm（$1nm=10^{-9}m$）的辐射能引起人们的视觉感，这段刺激人眼引起视觉的光辐射称为可见光辐射，简称可见光。在整个电磁波波谱中，可见光只占很小的一部分，如图2–26所示（见彩插）。

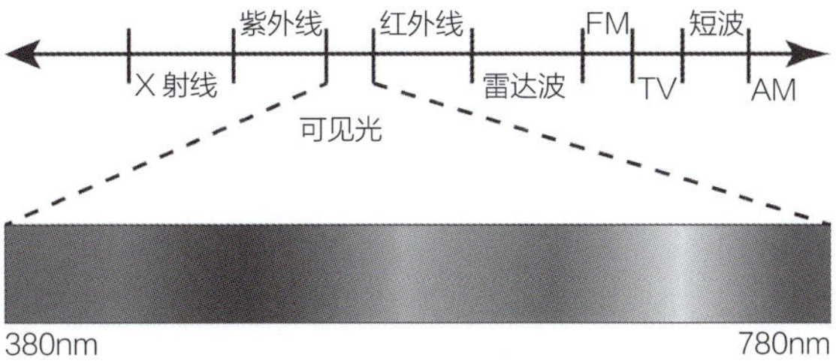

图2–26　可见光谱图

在可见光谱范围内，不同波长的辐射引起人眼的不同颜色感觉。1666年英国科学家牛顿在剑桥大学实验室发现，把太阳光经过三棱镜折射到白色的屏幕上，会显出一条像彩虹一样的色光带谱，从红开始，依次是红、橙、黄、绿、青、蓝、紫七色。这说明日光中包含不同波长的辐射能，在它们分别刺激眼睛时，会产生不同色光，而它们混合在一起并同时刺激人眼时，产生白光。如图2–27所示（见彩插），当一束白光经过三棱镜时，由于不同波长的光的折射率不同，有七种不同颜色的光投影在屏上。因此，人们将白光通过三棱镜被分解成各种色光的现象称为色散，这条依次排列的彩色光带称为光谱。

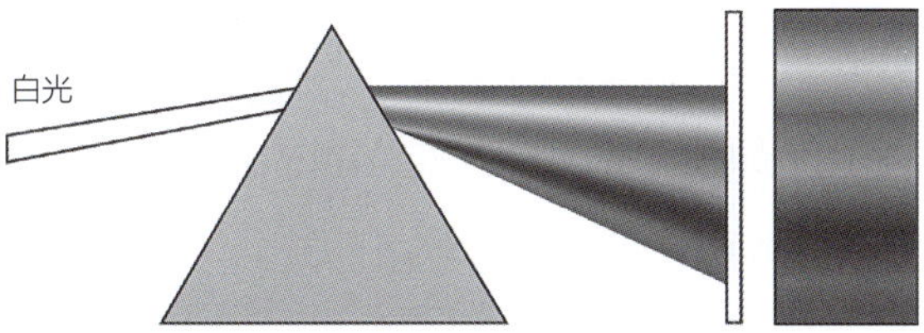

图2–27　色散实验

在上述光谱中，每一种颜色的光只有一种波长，这种只含有一种波长而不能再分解的光称为单色光。单色光的波长由长到短，对应的颜色感觉由红到紫。常见的颜色所对应的波长如表2–1所示。表中给出的波长也是一个大致的范围，因为从某一颜色到另一颜色是连续渐变的，各色光之间并没有严格的界限。

表2–1　常见色波长范围

颜色	波长 /nm	颜色	波长 /nm
紫色	380 ~ 430	黄绿色	530 ~ 560
蓝色	430 ~ 470	黄色	560 ~ 590
青色	470 ~ 500	橙色	590 ~ 620
绿色	500 ~ 530	红色	620 ~ 770

由单色光混合而成的光叫复色光。在日常生活中，我们见到的光源大部分是复色光，比如，太阳光、白炽灯、日光灯等。一般的光源（自然光源及人工光源）发出的

光都是由不同波长的单色光混合而成的复色光。同一种光既可以是单一波长的单色光，也可以是由多个单色光按照一定比例合成的复色光。两种光不管它是复色光还是单色光，只要给我们的感受是相同的，就可以相互替代。

（2）光源的色温

①绝对黑体。如果一个物体能够在任何温度下全部吸收任何波长的辐射，那么这个物体称为绝对黑体。天然的、理想的绝对黑体是不存在的，可以利用耐火材料人工制造黑体。黑体有两个主要的特点：一定温度的黑体表现为特定的光色；黑体辐射光色随温度升高按红黄白蓝顺序变化。

②色温。当某一种光源的所发出光的颜色与某一温度下的绝对黑体的颜色相同时绝对黑体的温度。色温用热力学温度表示，单位为K。热力学温度T与摄氏温度t的关系为：

$$T\,(\mathrm{K})=t\,(℃)+273$$

色温表达的不是光源的温度，而是表征了光源的光谱特性，而光源的光谱分布又决定了光源的光色，所以色温表达的是光源的光色，它与光源本身的温度无关。色温高的光源，蓝光的成分多，红光的成分少，色温越高，光源的光色越偏蓝；相反色温低的光源，红光的成分多，蓝光的成分少，色温越低，光源的光色越偏红。在实际中许多其他的人工光源其计算出来的色度点并不一定落在黑体轨迹上，而是在轨迹的附近，这是只能用光源与黑体轨迹最近的颜色来确定该光源的色温，称之为相关色温。

色温是反映光源属性的重要指标。了解光源的色温，对印刷复制过程中选择光源有着重要意义。产品印刷过程中，为了保证印刷品的墨色与原稿一致，看样台光源的色温过高或过低都会影响印刷机操作者的追色效果。因此，按照我国的行业标准规定：观察透射样品时，光源的相关色温应该为5003K；观察反射样品时，光源的相关色温应该为6504K。

（3）光源的显色性　日常生活中，如果光源的颜色照在物体上使物体颜色严重失真，那么这一光源就不能反映事物的本来面目。同样，在印刷工艺中，光源的颜色是决定印刷品质量的一个重要因素。光源的颜色除了表示人眼直接看到的光源的颜色这一层含义外，还指光源照射到物体上物体所产生的客观的颜色效果，这称为光源的显色性。显色性越好的光源，光源的光谱功率分布与标准光源越接近。

为了统一标准，CIE（国际照明委员会）规定，将普朗克辐射体作为低色温光源的参照标准，标准照明体D作为高色温光源的参照标准，分别用来衡量其他光源照明下的颜色效果。因此，光源的显色性是指与参照标准照明体相比较，某一光源对物体颜色外貌所产生的效果。其中白炽灯和日光是显色性最好的光源，而其他与这两种光源的光谱分布有较大差别的光源则显色性较差。对于显色性差的光源，不论它的发光效率有多高，都不适于印刷、印染、文体、摄影、电影、电视等需要识别颜色的行业或场所，而只能用于一般要求不高的照明。

光源显色性直接影响物体颜色外貌，所以它有着重大意义。为了对光源的显色性做出一个准确的评价，通常用显色指数来表征显色性的优劣，用显色指数对显色性给予定量评价。显色指数是待测光源下物体呈现的颜色与参照光源下物体所呈现颜色相符合程度的度量。

1964年，CIE制定了一种光源显色性评价方法，经1974年修订正式向世界各国推荐采用。1984年，我国在制定光源显色性评价方法的国家标准时，既采用了CIE推荐的光源显色性评价方法，又考虑到我国人的肤色特征，在计算光源显色性时增加了我国女性面部肤色。使我国的光源显色性评价方法既具有国际通用性，又符合中国人的视觉心理。

光源的显色指数可以规定为三个范围，显色指数大于75的光源为优质显色光源，越接近100，显色性越好；显色指数在50～75之间的光源，显色性一般；显色指数小于50的光源，显色性较差。光源显色指数较低，物体在这一光源下会发生变色或失真，显色指数越低，变色或失真情况越严重。目前，印刷行业所用的光源的显色指数一般不应低于90，彩色摄影、彩色影视等与颜色有关的工业部门也要求用显色指数大于85的高显色性的光源。

在表2-2中列出了许多常用光源的显色指数，白炽灯、碘钨灯、溴钨灯、镝灯的一般显色指数均超过85，适用于辨别颜色要求较高的视觉工作，如彩色电影与彩色电视的拍摄、染料、彩色印刷、食品工业等。荧光灯的显色指数为70～80，作为连续与线状混合光谱的光源来说，显色性比较好，适用于一般辨别颜色的视觉工作。日光色荧光灯的相关色温为6000K，是较为理想的日光色光源。外镇高压汞灯、内镇高压汞灯以及高压钠灯的显色指数低于50，显色效果较差。其中高压钠灯的显色性最差，显色指数为20～25，相关色温为1900K，这些光源不适用于辨别颜色工作。

表2-2 常用光源的一般显色指数

光源名称	相关色温/K	一般显色指数（Ra）
白炽灯（500W）	2900	95～100
碘钨灯（500W）	2700	95～100
溴钨灯（500W）	3400	95～100
荧光灯（白色光 40W）	6600	70～80
外镇高压汞灯（400W）	5500	70～80
内镇高压汞灯（450W）	4400	30～40
镝灯（1000W）	4300	85～95
高压钠灯（400W）	1900	20～25

光源的显色性是由光源的能量分布所决定的。具有连续光谱的光源，如日光，或与之相似的连续光谱均有较好的显色性。如果光源的能量分布很不连续，则光源的颜色肯定偏向某种颜色，光源的显色性必然低，颜色失真度必然大。虽然光源的显色性和光源的色温都是由光谱功率分布所决定的，但是它们之间并没有必然的联系，色温的高低并不决定显色指数的高低。白炽灯的色温较低，但是它的显色指数却很高，而荧光灯的色温很高，但是它的显色指数却一般。光源的色温及显色性都是评价光源优劣的重要指标，而光源的显色性具有重要的意义。

（4）标准光源与标准照明体　人们的日常生活或工作都离不开光源，有了光，人们才能看清物体的形状以及分辨出物体的颜色，但是，光源的颜色会影响到物体的呈色，即使是在同一光源下，有时人们所观察到的物体的颜色效果也不一定相同。为了能准确测量物体表面的颜色，人们需要在一个稳定的光谱性能的光源下进行。为此，CIE推荐了色度学的标准照明体A、B、C、D和标准光源A、B、C。

①标准照明体。标准照明体是指特定的光谱功率分布。这一光谱功率分布不是必须由一个光源直接提供，也不一定能用光源来实现。为了统一颜色测量的标准，CIE推荐四种标准照明体A、B、C、D，其中，CIE标准照明体A、B、C由标准光源A、B、C来实现，两者的相对光谱功率分布应接近一致。只有标准照明体D，目前还没有真实的光源准确地实现，国际上正在研究具有标准照明体D相对光谱功率分布的标准

光源。

标准照明体A，代表“1968年国际用温标”。绝对温度大约为2856K完全辐射体的光。它的色品坐标落在CIE1931色品图的黑体轨迹上。

标准照明体B，代表相关色温大约为4874K的直接阳光，其色度点靠近黑体轨迹。

标准照明体C，代表相关色温大约为6774K的平均日光，它的色度点在黑体轨迹的下方。

标准照明体D65，代表相关色温为6504K的日光，它的色度点在黑体轨迹上方。

标准照明体D，代表标准照明体D65以外的日光。

图2-28是标准照明体的光谱曲线，从标准照明体A、B、C、D65的相对光谱功率分布曲线可知，标准照明体B和C缺少紫外辐射，因此B和C两条曲线不能正确地代表相应的日光，而标准照明体A或D65可以代表日光。

②标准光源。标准光源是指用来实现标准照明体光谱功率分布的物理辐射体，即光源。CIE规定用下列人工光源来实现标准照明体。

标准光源A，色温2856K的充气钨丝灯，光色偏黄。

标准光源B，由A光源加一组特定的戴维斯-吉伯逊液体滤光器，以产生相关色温4874K，相当于中午的日光。

标准光源C，由A光源加另一组特定的戴维斯-吉伯逊液体滤光器，以产生相关色温6774K的辐射，相当于有云的日光。

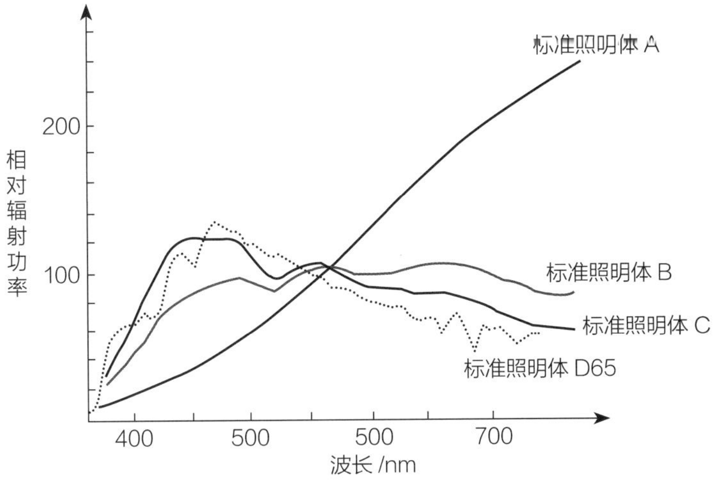

图2-28　标准照明体的光谱曲线

工业生产中精细的辨色工作要求照明光源具有真实日光的光谱功率分布，因而应包括紫外辐射和可见光谱辐射，CIE标准光源B和C都缺少光谱紫外成分，不能满足要求。标准照明体D却具有日光谱的紫外成分。

③标准照明体与标准光源。CIE对标准照明体和标准光源加以区分，照明体是指特定的光谱功率分布，而光源则指具体的发光物体。CIE标准照明体A、B、C是由标准光源A、B、C来实现的，标准光源用具有一定光谱功率分布的灯或加滤光片的灯来产生。当某一标准照明体能用相应的标准光源实现，则两者的相对光谱功率分布应接近一致。

CIE规定的标准照明体D也叫典型日光或重组日光。典型日光与实测日光有非常接近的相对光谱功率分布，并且典型日光比标准照明体B和C更符合实际日光的色度点，所以CIE推荐用D50（5004K）、D55（5503K）、D65（6504K）、D75（7504K）的相对光谱功率分布作为代表日光的标准照明体。CIE建议尽可能用D65来代表日光，在不能应用D65时则尽量使用D55和D75。在印刷应用中，常使用D50作为标准照明条件。

模拟某一种标准照明体的人工光源，最根本的问题就是复制出这种照明体的相对光谱功率分布，要把这一效果做到完全相同是非常困难的。现在模拟D65的人工光源主要有三种：第一种是带滤光器的高压氙灯，它是目前最好的能模拟D65的人工光源；第二种是带滤光器的白炽灯，但是它在紫外区的模拟不十分理想；第三种是带滤光器的荧光灯，它的相对光谱功率分布与D65还是存在较大区别。

（5）印刷对光源的要求　印刷行业主要是从事色彩的复制和还原工作，从印前图像的扫描输入、图像的处理、印版的制作到印刷，每道工序都要时刻注意观察、分析、比较原稿与印刷品的颜色效果，保证忠实地再现原稿的颜色，避免色彩失真，因此，印刷行业对照明条件要求较高，光源的选择非常重要。为了规范印刷行业的照明条件，我国制定了印刷行业标准CY/T 3—1999《色评价照明和观察条件》，标准中对印刷行业观察颜色时使用的光源条件、照明条件、环境条件等都做了详细规定。

①照明光源。在实际印刷生产过程中，通常要使用人工光源照明，印刷行业观察彩色印刷品所使用的光源可分为两种，一种是观察反射样品的光源，如印刷机看样台上的灯箱。另一种为观察透射样品的光源，如观察彩色透射原稿的灯箱。

印刷行业标准CY/T3-1999《色评价照明和观察条件》中规定观察颜色样品所用的人工光源应为D50和D65两种照明体的模拟体，观察透射样品所采用的参照照明体为CIE标准照明体D50，所用光源为D50的模拟体。用于观察反射样品（反射原稿和复制品）所采用的参照照明体为CIE标准照明体D65，所用人工光源为D65的模拟体。

对于印刷行业，标准光源的要求主要从以下四个方面衡量。一是显色指数（Ra），显色指数可以理解为相同的色温下，光源与“理想”的标准光源之间的相似程度，如果数值是100，表示100%接近；如果数值是90，表示90%接近。对于印刷行业而言，显色指数越高，在其中观察颜色的还原程度越高；显色指数越低，颜色还原的程度越低。因此，印刷行业要求显色指数应不小于90。二是照度，照度即光照的强度，照度越高，光源越亮；照度越低，光源越暗。对于印刷应用而言，用于观察样品的光源应在观察面上产生均匀的漫射光照明，照度范围为500～1500lx。观察面不应有照度突变，照度的均匀度不小于80%。三是均匀度，均匀度不好会使印刷品看起来深浅不一，所以观察灯箱都会安装围光板。好的灯箱围光板会有特别的设计，以保证光线能够均匀地照射在看样台面上，使整个看样台面上的亮度十分均匀。另外，也有一些标准光源灯箱使用了“漫射”系统，即在灯管下方，安装遮光板，通过遮光板的光线会更加均匀地照射在看样台面上。四是色温（或相关色温），一般情况下，可以利用采光充分的北窗下日光作为照明光源，因为，北窗下日光是经过散射形成的，日光均匀，柔和稳定，没有直射的日光，色温基本接近5000～6500K，显色性非常好。

②照明条件

a. 反射样品照明条件。用于观察反射样品（反射原稿和复制品）所采用的参照照明体CIE标准照明体D65，所用人工光源为D65的模拟体。用于观察反射样品的光源应在观察面上产生均匀的漫射光照明，照度范围为500～1500lx，视被观察样品的明度而定。观察面不应有照度突变，照度的均匀度不小于80%。

b. 透射样品的照明条件。观察透射样品所采用的参照照明体为CIE标准照明体D50，所用光源为D50的模拟体。光源应均匀漫射照明观察面，使观察面的亮度为（1000 ± 250）cd/m^2。在观察面上不应看到光源的轮廓或有亮度突变，亮度的均匀度应不小于80%。

③观察条件

a. 观察反射样品。观察反射样品时，光源应与样品表面垂直，观察者的角度与样品表面法线成45° 夹角，对应于0/45照明观察条件，如图2-29所示，这种条件可以避免灯光的镜面反射光进入观察者的眼睛，引起耀眼的不良效果，当印刷品表面光泽度较高时，镜面反射强，产生耀眼的光斑，可以适当调整观察的角度，避开耀眼的光。另外一种观察条件是用与样品表面法线成45° 角的光源照明，观察者垂直样品表面观察，对应于45/0的照明观察条件，如图2-30所示。这种方法不如0/45照明观察条件，因为此时光源到观察面的距离不等，有可能产生照明不均匀的情况，因此，如果用此种方法，必须确保观察面照度的均匀度应不小于80%。

b. 观察透射样品。观察透射样品时，透射样品应由来自背后的均匀漫射光照明，在垂直于样品的表面观察。观察时应尽量将样品置于照明面的中部，使其至少在三个边以外有50mm宽的被照明边界。当所观察透射样品的面积总和小于70mm × 70mm时，应适当减小被照明边界的宽度，使边界面积不超过样品面积的4倍，多余部分用灰色不透明的挡光材料遮盖，如图2-31所示（见彩插），这样做的原因是可以保证形成合适的样品边界和背景色，避免照明光对眼睛的影响，因为通常透射原稿的面积都比较小，放在灯箱上观察时会有很大的空白照明面，在其周围形成很亮的背景。周围过多的亮边会对观察者的眼睛产生很大的影响，造成观察误差。当把被照明边界用透射密度为（1.0 ± 0.1）D的透射漫射材料遮盖，就形成了灰色背景，遮盖材料颜色与中性灰的偏差ΔC应小于0.008。

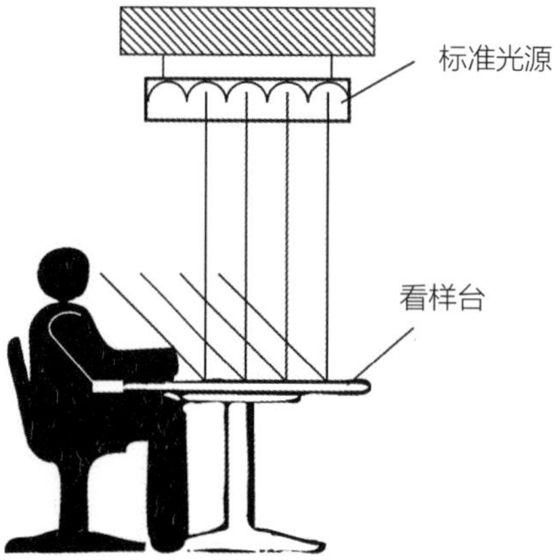

图2-29　0/45照明观察条件

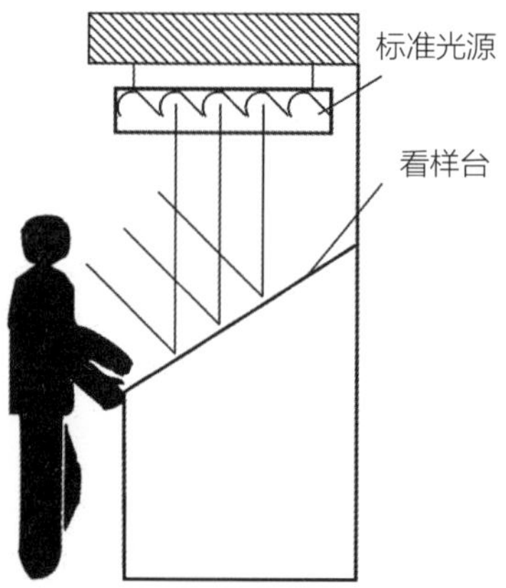

图2-30　45/0的照明观察条件

图2-31　观察透射样品时背景光的处理

④观察条件的环境色和背景色。印刷行业标准CY/T3-1999《色评价照明和观察条件》中规定观察面周围的环境色应当是孟塞尔明度值6～8的中性灰（N6/～N8/），其彩度值越小越好，一般应小于孟塞尔彩度值的0.3。如果观察面周围的墙壁和地面不符合上述要求，则应用符合上述要求的挡板将样品围起来，或者使用环境反射光，在观察面上产生的照度小于100lx。观察反射样品时的背景应是无光泽的孟塞尔明度值是在N5/～N7/，彩度值一般小于0.3，对于配色等要求较高的场合，彩度值应小于0.2。

4. 物体的呈色

（1）彩色物体与选择性吸收　当白光照射在物体上时，物体对不同波长的光具有不同的吸收率，对某些波长的光吸收多些，对另一些吸收少些，这种吸收称为选择性吸收。具有选择性吸收的物体呈现彩色。因为经过选择性吸收以后，其反射或透射的光与入射光比较，不仅能量上有所减弱，光谱成分也发生了改变。彩色物体吸收补色光，反射本色光。由于选择性吸收了某些光谱和选择性反射某些光谱，因此，反射光谱的成分决定了彩色物体呈现的颜色。同时，反射光强降低，使物体色比光源色灰暗一些，亮度有所减弱。如图2-32所示（见彩插），白光照射到红色物体上，红色物体选择性吸收了白光中的绿光和蓝光，反射了红光，所以呈现出红色。

物体本身没色彩，光才是色彩的来源。如图2-33所示（见彩插），红色物体表面用绿光照射，那么会呈现黑色，因为绿光波长的辐射被全部吸收了。所以物体在不同

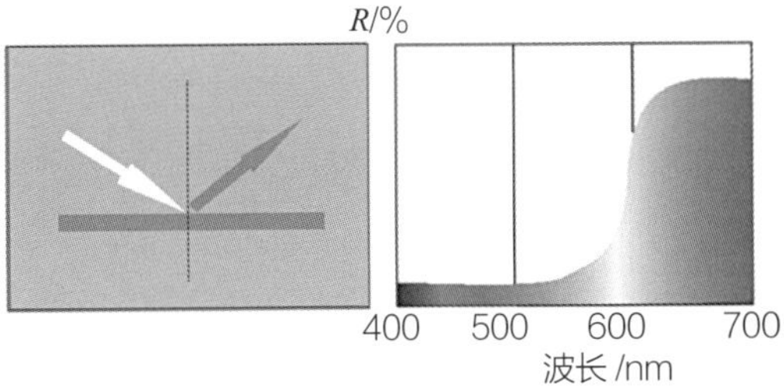

图2-32　彩色与选择性吸收

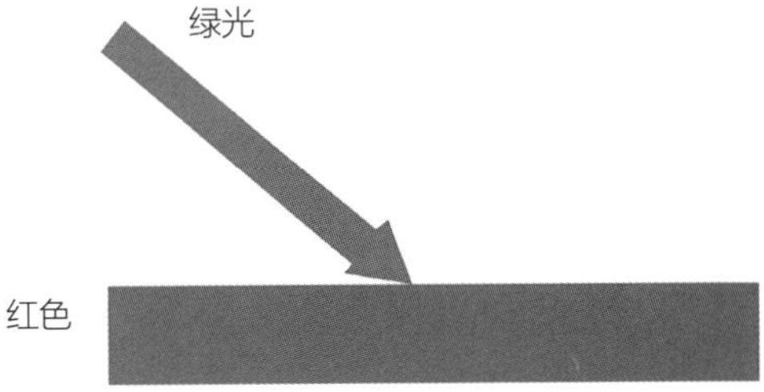

图2-33　绿光照射红色物体

光谱组成的光照射下，会呈现不同的色彩。可以这样认为，一切物体本身都是无色的，只是由于它们对光谱中不同波长光的选择性吸收，才决定了它的颜色。无光则无色，是光赋予了大千世界五彩缤纷的色彩。

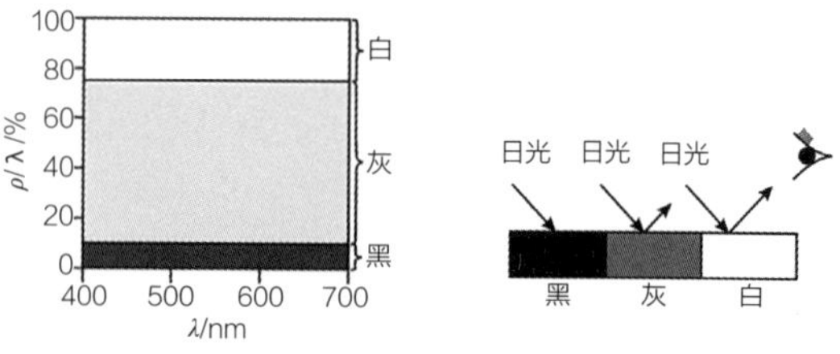

图2-34　消色与非选择性吸收

（2）消色物体与非选择性吸收　若一个物体表面对投射到它上面的白光的各波段的辐射能等比例吸收，而反射或透射光谱组成比例不会改变，这种吸收称为非选择性吸收。该物体表面就呈现出白色、灰色（或消色），若全部吸收就是黑色。随着吸收比例的不同，物体在日光下将呈现从白色、各种灰色到黑色的一系列中性颜色，这一系列的颜色称为消色。呈现消色的物体就称为消色物体，如图2-34所示。

当白光照射消色物体时，反射或透射各原色光光量均相等，所以给人以消色的感觉。当光照射到消色物体上时，各种波长的光被等量吸收，而反射或透射的光谱成分与入射光相同，只是它们比入射光弱一些。通常，光谱反射率在10%以下的为黑色，反射率10%～75%为不同程度的灰色，反射率大于75%的物体就感觉为白色。消色物体具有非选择吸收光谱的特性，在色光的照射下可以呈现出不同明度的与色光相同的色调来。

5. 眼睛

（1）眼睛的结构　可见光辐射刺激人眼产生颜色视觉。人眼担负着成像和感觉两大作用，是颜色视觉产生的第三大要素。眼睛是人的视觉器官，由眼球和眼的附属器官组成，主要部分是眼球。眼球包括眼球壁、眼内腔和内容物、神经、血管等组织。如图2-35所示，眼球壁主要分为外、中、内三层。眼球外层起维持眼球形状和保护眼内组织的作用，外层由角膜、巩膜组成，又称为纤维层膜层，前1/6为透明的角膜，其余5/6为白色的巩膜，俗称“眼白”。角膜是接收信息的最前哨入口。巩膜为致密的胶原纤维结构，不透明，呈乳白色，质地坚韧。中层又称葡萄膜、色素膜，具有丰富的色素和血管，包括虹膜、睫状体和脉络膜三部分。内层为视网膜，是一层透明的膜，也是视觉形成的神经信息传递的第一站。

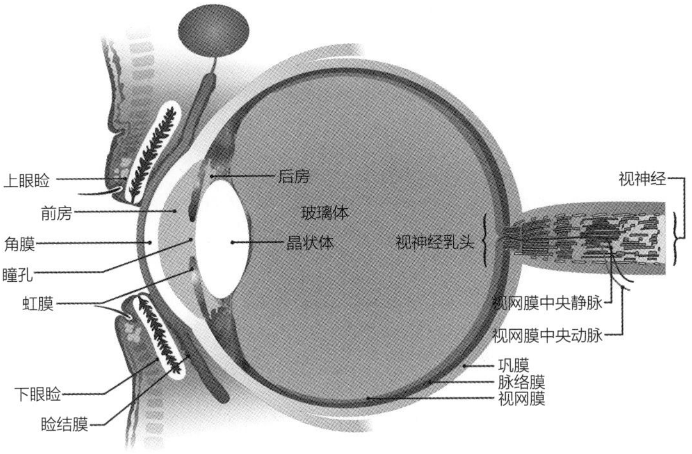

图2-35　眼球横切面图

当人们注视物体时，物体所反射（透射）的光进入人眼，在角膜、房水、晶状体、玻璃体的作用下，成像与视网膜上，视细胞接受光刺激将其转化为神经冲动信号，信号静神神经进入大脑内的视觉中枢，经过判断后产生物体颜色、明暗、形状、大小等视觉感受。因此，从视觉功能的角度看，整个眼球主要可分为屈光、控制和感光系统三个部分。

①屈光系统。屈光系统的作用是将远近不同的物体清晰地成像在视网膜上，它包括角膜、瞳孔、房水、晶状体和玻璃体。

②控制系统。眼睛有曝光量控制和焦距控制两个最基本的控制功能。曝光量的控制功能主要由瞳孔实现，可以随光线明暗自动在2～8 mm之间调节大小，控制进入眼睛的光通量。成像焦距由晶状体的形状变化来实现，晶状体由睫状肌支撑，通过睫状肌的收缩和松弛可以调节晶状体的曲率半径，从而可以在一定范围内改变屈光度，使远近不同的物体在视网膜上得到清晰的成像。

③感光系统。人眼的感光系统由视网膜组成，视网膜主要由三层细胞构成。最外层是视细胞层，主要包括视锥细胞和视杆细胞，视锥细胞感光灵敏度低，只能在明亮条件下发挥作用，具有精细分辨力，能很好地分辨颜色与细节，长度为28～58μm，直径为2.5～7.5μm，数量700万个。人眼的视杆细胞一般只有一种感光色素。视杆细胞感光灵敏度低，只能在明亮条件下发挥作用，具有精细分辨力，能很好地分辨颜色与细节，长度为40～60μm，直径为2μm，数量13000万个。中间层为双极细胞层，

起到联结视细胞与神经节细胞的作用。

（2）明视觉和暗视觉　视锥细胞与视神经是一对一连接的。它对光的敏感性小，必须在一定的光照条件下，才能够充分辨别物体的颜色和细节。当光线暗淡时，它就会失去工作能力，人们便无法感受到物体的细节和色彩，而只有明暗的感觉。视锥细胞只有在亮度达到一定水平时才能被激发起来，因此，把这种在明亮条件下产生的视觉叫作明视觉。在光亮条件下主要是明视觉占主导作用。

人眼视杆细胞形状细长，往往几十个连在一起向视神经输送信息。它对光的敏感性很高，在光线很弱的情况下，它都能有所感受。但是，它只能反映光的亮度差异，却不能分辨物体的细节和颜色。因此，在较暗的环境下，人眼的视杆细胞起作用，只有明暗感觉，只能分辨物体的形状和运动，不能分辨物体的细节和颜色，称为暗视觉。在黑暗条件下主要是暗视觉占主导作用。

在光亮条件下，具有明视觉的眼睛可能看到可见谱上不同明暗的各种色彩。当光亮减弱到一定程度时，人眼依靠暗视觉来分辨物体，只是暗视觉的眼睛感觉不到各种颜色，而只能感觉到物体的不同明暗，并依据明暗的层次来区分不同的物体。因此明视觉与暗视觉被称为视觉器官的两重功能。视觉正常的人由明亮的环境到黑暗的环境时，视锥细胞与视杆细胞会自动完成功能的交换，使人眼不论在什么情况下均能分辨出物体。

6. 颜色视觉理论

在前面中介绍了颜色视觉产生的过程，光源（包括太阳光与各种人工光源）发出的光照在物体表面经过物体对光选择性地吸收，反射或透射之后作用于人眼，由人眼内视细胞将光刺激转换为神经冲动由视神经传入大脑，由大脑判断出该物体的颜色。但是人们的视觉系统是如何产生颜色感觉的呢？目前，关于颜色视觉的形成理论有多种说法，但比较有影响的是杨–赫姆霍尔兹的三色学说和赫林的四色学说，这两种学说都能够解释大量的颜色视觉现象，但也都存在着不足，因此，在这两种常说的基础上，产生了一种相对完善的理论，叫阶段学说。

（1）三色学说　1802年，英国的医学、物理学家托马斯·杨（T.Young）提出，虽然人眼能分辨出自然界中的所有可见光，但是，人的视网膜上不可能有那么多的视神经种类。人的视网膜上只有三种视觉神经纤维，分别是感红、感绿、感蓝三种基本视觉神经纤维。在此基础上，德国生理、物理学家赫姆霍尔兹补充认为，这三种视神经末梢分别含有对不同色光敏感的光敏细胞，即有感红细胞、感绿和感蓝细胞，分别对可见光谱中的红、绿、蓝最敏感。这三种细胞在光的刺激下产生兴奋，并分别将这种兴奋转换成各自视神经所固有的特殊能量传送到大脑，在大脑中分别形成红色感觉、绿色感觉和蓝色感觉，最后综融合成综合的、完整的色觉。视网膜上的三种感色神经对所有的可见光均敏感，只是感红神经、感绿神经、感蓝神经分别对光谱中的红色光、绿色光和蓝色光最为敏感。当绿光刺激人眼时，感红神经和感蓝神经同样兴奋，只是没有感绿神经兴奋度强烈，所以引起绿色的感觉。白光作用于人眼时，三种神经的兴奋程度一样，则产生白色的感觉。如果是一种混合色，则它是三种神经按不同比例兴奋的结果。对任一波长，感红神经纤维、感绿神经纤维和感蓝神经纤维都有一定的兴奋程度，只不过各纤维各自的最大兴奋点有所不同，这就是三色学说。

三色学说的优势是能够充分说明各种颜色的混合现象及颜色混合色是三种感色细胞按特定比例兴奋的结果。因此三色学说是色彩学中颜色测量和颜色计算的理论基础。彩色印刷、彩色摄影及彩色电视等都是三色学说基础上建立的。

三色学说能够很好地解释负后像现象。负后像是神经疲劳的结果，当眼睛注视某一颜色一段时间后，该颜色感色细胞被激起活动，当眼睛转到另一个中性灰色背景时，该感色细胞因过度疲劳不再发生反应，而其他两个感色细胞仍能对白光中其他两色起反应，所以得到该颜色的补色，这种现象称为负后像。

三色学说能够解释颜色的对比效应。人在观察物体时并不是一直注视某一点不动，而是视线不断地在附近转来转去。当观察一个蓝、白相间的邻近区域时，感蓝视觉神经更为疲劳，从而降低蓝色的灵敏度，送出的信息中蓝色成分少，而在白色区域就看到了蓝色的补色。

三色学说也有一些不足之处，它不能很好地解释色盲现象。对于色盲现象，三色学说认为是因为人的视觉器官缺少一种颜色纤维而造成单色盲，同时缺少三种感色纤维而造成全色盲。如按此说法以，应该有三种色盲，分别是红色盲、绿色盲和蓝色盲，并且它们可以单独存在，但事实上几乎所有的红色盲同时也是绿色盲，即红绿色盲。三色学说认为，只有三种感色神经同时兴奋时，才能产生白色和灰色的感觉，而色盲都既然缺乏一种或三种神经，他们是不可能有白色感觉的，而事实上色盲者是能够看到白色的。按照三色学说理论，红绿色盲是因为没有感红神经纤维和感绿神经纤维，所以由这两种神经产生的黄色的感觉也应是不存在的，事实上，红绿色盲对黄色感觉却是正常的。

另外，三色学说不能很好的解释颜色为什么会存在补色以及颜色适应的现象，这些现象说明了三色学说有其不完善的地方，因此就出现了四色学说。

（2）四色学说　四色学说也叫作“对立色理论”学说。1878年，赫林提出了“对立色理论”学说，假设在视觉机构中的感光细胞存在红–绿视素、黄–蓝视素、黑–白视素，这三种视素的代谢作用包括建设（同化）和破坏（异化）两种对立的过程。白光刺激时，黑–白视素破坏，引起神经冲动产生白色的感觉；而无光刺激时，黑–白视素重新建设起来，所以引起的神经冲动产生黑色的感觉。对于红–绿视素，红光起破坏作用，绿光起建设作用。对于黄–蓝视素，黄光起破坏作用，蓝光起建设作用，具体内容如表2–3所示。因为各种颜色都有一定的亮度，也就是都含有白光的成分，所以每一种颜色不仅影响本身的视素活动，而且也影响黑–白视素的活动。

四色学说的优势是能够很好的解释各种颜色感觉和颜色混合现象。当两种颜色为对立色时，混合时则得到白色。这是因为它们对某一对视素的两种对立过程形成平衡的结果，故不产生与该种视素有关的视觉，而当所有的颜色同时作用于各种视素时，红–绿、黄–蓝视素的对立过程都达到平衡，只有黑–白视素活动，因而引起白色或灰色的感觉。

四色学说能够很好地解释色盲现象。色盲是由于缺乏一对视素或两对视素的结果。如果缺乏红–绿视素，则是红绿色盲，如果两对彩色视素均不存在，则是全色盲。

表2–3　对立学说的视素以及对应的感觉

感光化学视素	视网膜过程	感觉
白 – 黑	破坏	白
	建设	黑
红 – 绿	破坏	红
	建设	绿
黄 – 蓝	破坏	黄
	建设	蓝

四色学说能够解释负后像现象。负后像是因为当某一色彩刺激停止时，与该色彩相关的视素的对立过程开始活动，因而产生该色的对立色，即补色。对于同时颜色对比，当视网膜正发生某一对视素的破坏作用，其相临部分便会发生建设作用，而引起同时颜色对比现象。

四色学说最大的遗憾是对于红、绿、蓝三原色能够产生所有光谱色彩的现象无法得到满意的解释。因此，四色学说也不完善。

（3）阶段学说 三色学说和四色学说对立了近一个世纪。近30年来，由于新型实验材料的出现，人们对这两个学说有了更进一步的认识，逐步统一起来发展成为颜色视觉的阶段学说理论。阶段学说理论是颜色视觉理论的近代发展。

阶段学说最早是由姆勒和乍德提出的。他们认为在视网膜上确实存在三种不同的颜色感受器，它们是三种感色的视锥细胞，分别对应着不同的光谱敏感性。同时在对视神经传导通路的研究中发现，视神经系统中可以发出三种反应，即光反应、红–绿反应和黄–蓝反应。因此可以认为，视网膜上的视锥细胞是一个三色系统，而在视觉信息向大脑皮层视觉中枢传导中则变成了四色机制。

颜色视觉的形成过程可分为两个阶段。如图2–36所示，第一阶段，当光线进入人眼视网膜时，三种独立的视锥细胞中的感色物质会选择吸收不同波长光谱的辐射，同时每一种视锥细胞根据光刺激量又可独自产生明度（黑–白）与色彩（红、绿、蓝）的反应。这一阶段符合三色学说理论。第二阶段，在神经兴奋由视锥细胞向视神经细胞传递过程中，这三种反应重新组合，形成二对对立性的神经反应，即红–绿反应、黑–白反应、黄–蓝反应。颜色视觉过程的这种设想称为阶段学说。阶段学说将两个古老的、对立的学说统一了起来，可以更加完美地解释各种颜色视觉现象。

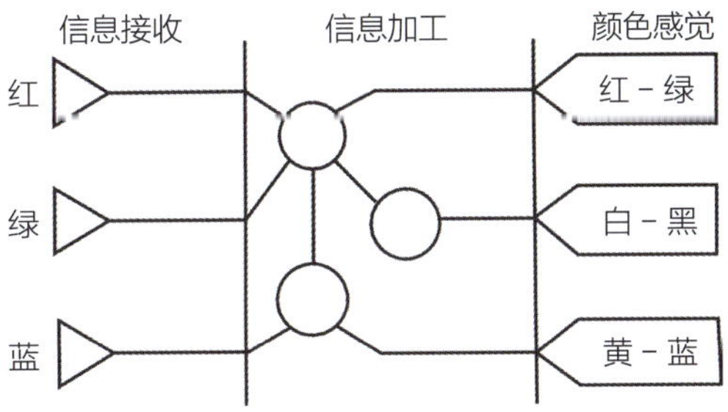

图2–36 阶段学说

二、颜色三属性

自然界中的颜色一般可以分为红、橙、黄、绿、青、蓝、紫七种颜色。但可见光谱为连续光谱，它的颜色也是从红到紫的过渡的，并且每一种颜色都有从明到暗、由浅到深的差别，这给衡量颜色带来了困难。总的来讲，颜色有三个特征，每个颜色都有其色貌，一定的明暗程度和一定的浓淡程度。即色相、明度、饱和度。将表达颜色的这三个物理量称为颜色的三属性，也称为颜色的三要素。

（1）色相　色相是一种颜色所固有的基本特征，即颜色的相貌。色相是色与色之间相区别的最主要的特征。色相是颜色之间除去明暗、浓淡以外的差别。色相是由刺激人视觉器官的光谱成分决定的，色彩主波长相同，色相便相同；主波长不同，色相便不同。所以色相一般决定于颜色的光谱组成，它表示了彩色性质上的差别，没有数量大小的概念。

（2）明度　明度是人眼所能感受到的色彩明暗程度，它是与人的心理、生理有关的一个属性。明度的基础是颜色的亮度，但亮度不等于明度。亮度是可以用光度计测量的，它是与人的视觉无关的客观量。亮度在色彩学上是与光的能量大小相关的，但能量较大的蓝紫色明度值却较低。而明度则不然，它是颜色的亮度在人眼视觉上的反映，明度是从感觉上来说明颜色的性质。

（3）饱和度　饱和度又叫颜色的纯度或彩度，是指颜色的纯洁性。可见光谱的各种单色光具有最饱和的颜色，其他物体颜色的饱和度要看它反射光或透射光与光谱色的接近程度。越接近单色光其饱和度越大，反之饱和度越小。当光谱掺入白光成分越多，就越不饱和。因此光谱色的饱和度通常以色彩白度的倒数表示。

三、颜色的混合

颜色是可以混合的，在日常生活及生产中，经常会有颜色混合的情况发生。比如：画水彩水粉画，大型晚会舞台灯光，纺织印染、印刷复制等。不同颜色的光的混合称为色光混合，颜料、染料、油漆、油墨、涂料的混合称为色料的混合。

1. 色光混合

把两种或两种以上的色光混合在一起而形成另一种色光的过程称为色光的混合。色光的混合可以是由光源发出的可见色光的混合，也可以是色料反射出的光之间的混合。从视觉的角度看，色光的混合是由于不同颜色的色光或色料的反射光在短时间内刺激人的视网膜而产生的一种新的混合色效果。对人眼来说，要产生颜色视觉，最终都是色光混合的结果。因为对颜色物体来说，其颜色是由物体进行选择性吸收后，反射光源的光得到的。在介绍色光混合前，先介绍几个名词，原色是用配制其他不同颜色用的基本色，如色光三原色红光、绿光、蓝光。色料三原色黄色、品红色、青色。由两种原色混合配制的混合色称为间色，如黄光、青色光。复色是由原色与间色混合，或由两种间色混合产生的颜色。两种色料混合后，呈现黑色或者是两种色光混合后呈白光，则称这两种颜色互为补色，如红色和青色、黄色和蓝色。

（1）色光三原色 可见光谱中占据面积最大的是蓝紫（B，波长420～470nm）、绿（G，波长500～570nm）、红（R，波长630～700nm）3种颜色的光。而橙、黄、青、紫等色光只是上述三色光的过渡区域，占有很狭窄的一段位置。由试验发现，红、绿、蓝3种色光以不同比例混合，基本上可以产生自然界中全部的色彩。而这3种色光本身各自独立，即其中任何一种色光都不能由其余两种色光混合产生。所以，将红、绿、蓝紫称为色光三原色。

光谱中的红、绿、蓝紫光范围很大，但作为原色光应该是严格的单色光。经过科学家的反复实践，国际照明委员会（CIE）1931年制定出色光三原色的波长是红光（R）700nm、绿光（G）546.1nm、蓝紫光（B）435.8nm。红光为大红相，具有黄；绿光比较鲜嫩；蓝紫光略带红。

（2）色光加色法 色光加色法的颜色变化规律而可以直观地通过一个三物镜投影仪来观察。三物镜前的光源能量可以分别调节，同时三个物镜前分别放上与三原色光色调相同的红、绿、蓝3种滤色镜，让光源通过三个物镜分别辐射红、绿、蓝3种原色光。

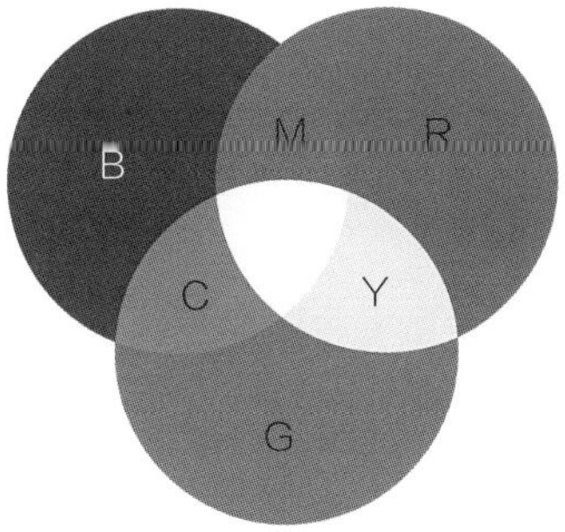

图2-37 色光加色混合图

①等量混合。将等量的三原色混合时，如图2-37所示（见彩插），有着以下的规律：

R+G=Y（红光+绿光=黄光）

R+B=M（红光+蓝紫光=品红光）

G+B=C（绿光+蓝紫光=青光）

R+G+B=W（红光+绿光+蓝紫光=白光）

②不等量混合。若改变两原色光（或三原色光）的比例，还可以得到其他不同的颜色的光，即两个不同比例混合的原色光，其混合后的色相偏向于相对比例大的色光的色相。如红光与绿光不等量混合，若红光的比例大于绿光，则得到的色光色相偏向于含量相对较多的红色，呈橙红色相；若红光的比例小于绿光，则得到黄绿光。混合后色光的亮度可以认为是各原色光亮度的相加之和。

③色光的互补色。凡是两种色光相加后呈现白色光时，这两种色光为互补色光。

R+C=W（红光+青光=白光）

G+M=W（绿光+品红光=白光）

B+Y=W（蓝紫光+黄光=白光）

可以说，黄色是蓝色的补色，蓝色是黄色的补色，黄色和蓝色是一对互补色。若这对互补色按不同比例混合时，则得到不同饱和度的淡黄色或淡蓝色。

（3）色光加色法的类型　加色混合有直接光源的色光相加和间接的反射光混合两类。

①色光直接混合。不同颜色的色光在眼睛之外的空间进行混合，形成的混合光进入人眼，此时看到的就是混合后颜色刺激形成的颜色感觉，此种混合方式称为色光直接混合，又称为视觉器官以外的色光混合。这种混合方式不依赖于视觉器官去进行混合，而是在达到视觉感受器官之前已经完成了色光混合方式。比如，要想在屏幕上投射出黄色背景，可以将红色光和绿色光同时投射到屏幕上，色光在屏幕上混合后，眼睛在屏幕上看到的就是混合后的黄色背景，而不需要人眼去将红色和绿色混合在一起，如图2-38所示。

②色光反射混合。色光间接混合又称为色光反射混合，它是在人的视觉器官内进行的，分为色光静态混合和色光动态混合两种形式。

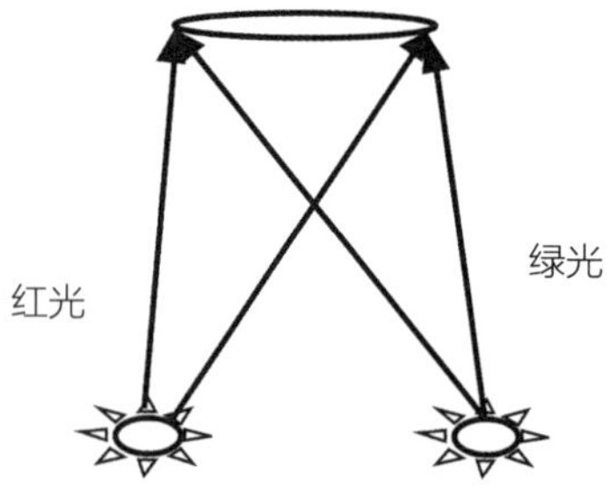

图2-38　色光直接混合

在一平面上有不同的色块，当这些色块的面积很小或距离观察者很远时，它们的反射光就投射到人眼视网膜的同一部分，从而产生新色调，即由于人眼无法分辨静态颜色之间的界限，反射的色光同时作用于人眼内的三种感色细胞时，就会产生一种综合的色觉。这种现象称为色光的静态混合（空间混合或并列混合）。例如：印刷品的网点呈色现象、彩色电视机的呈色现象。彩色电视的荧光屏上发出红、绿、蓝三色荧光粉，荧光粉的发光点很小，空中三种荧光粉发光的强弱比例，就产生各种不同的颜色，如图2-39所示（见彩插）。彩色印刷品上各种各样的颜色实际都是黄、品、青、黑四色油墨以非常小的网点产生的，每一种颜色的油墨网点在照明光的作用下形成各自特有的颜色小光点，其作用就类似于彩色电视荧光粉，用各颜色油墨网点的不同比例混合出各种不同的颜色，如图2-40所示（见彩插）。

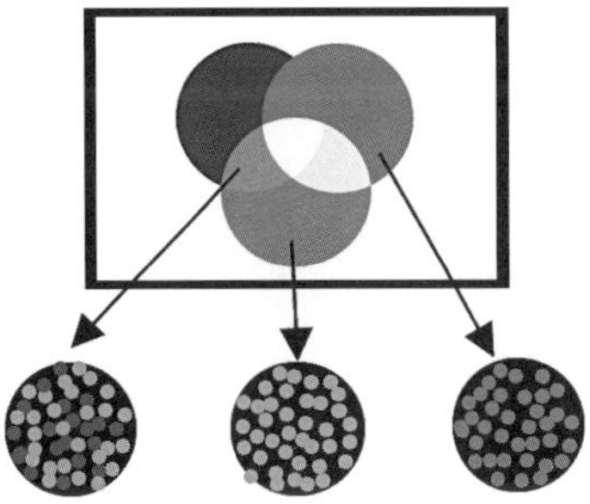

图2-39　荧光粉的静态混合

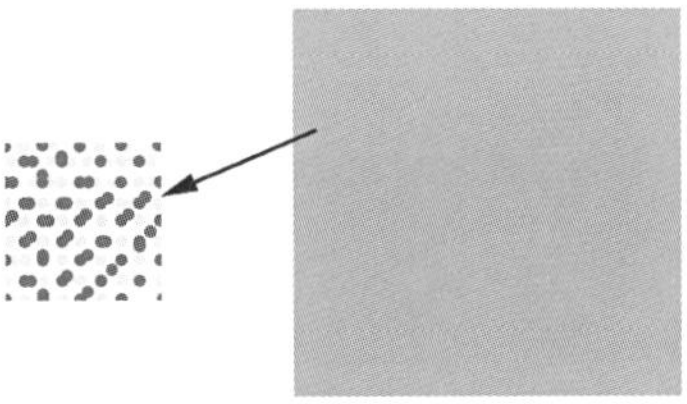

图2-40　印刷品的网点的静态混合

由于人眼的视觉生理特征是视觉可以暂留0.1s，所以当两种以上的色光交替地作用于人的视觉器官时，会产生综合的色觉，此过程称为色彩相继混合，也称为色彩的时间混合。例如：旋转的陀螺、电影、颜色混色盘。如图2-41所示（见彩插），混色盘分为几个扇区，每个扇区为一种原色，调整各扇区的大小，就可以改变原色的比例，其中灰色用来改变混合色的明度和彩度。当原盘高速旋转时就会看到由几种颜色混合出来的混合色，混合色取决于各颜色刺激之间的强度比例或面积比例，调整红、绿、蓝三原色的扇区比例大小，就可以改变混合色的结果。

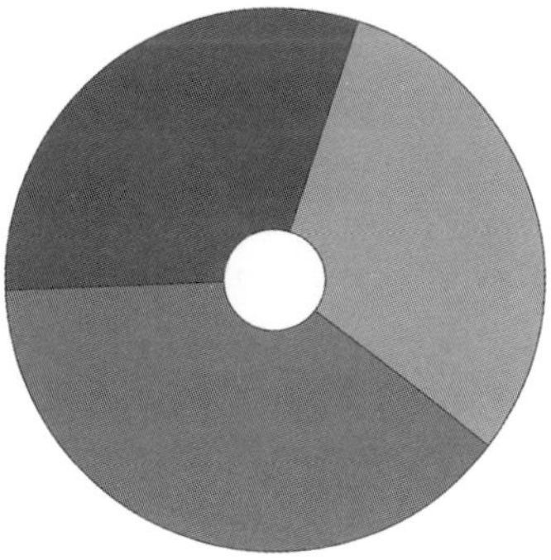

图2-41　混色盘

（4）色光的混合规律

①色光连续变化规律。由两个成分组成的混合色中，如果一个成分连续地变化，混合色的外貌也连续地变化。可以通过色光的不等量混合实验观察到这种混合色的连续变化。红光和绿光混合形成黄光，若绿光不变，改变红光的强度使其逐渐减弱，可以看到混合色由黄变绿的各种过渡色彩，反之，若红光不变，改变绿色的强度使其逐渐减弱，可以看到混合色由黄变红的各种过渡色彩。

②补色律。每一个色光都有一个相应的补色光，如果某一色光与其补色光以适当的比例混合，便产白光，如果两色光按其他比例混合，便得到近似比重大的色光。最基本的补色光有三对，红–青，绿–品红，蓝–黄。

③中间色律。任何两种非补色光相混合，便产生中间色，其颜色取决于两种色光的相对能量数量，其鲜艳程度取决于两者在色相顺序上的远近，近则更鲜艳。

④代替律。颜色外貌相同的光，不管他们的光谱组成是否一样，在颜色混合中具有相同的效果，即凡是在视觉相同上相同的颜色都是等效的。如果颜色A=颜色B；颜色C=颜色D，那么：颜色A+颜色C=颜色B+颜色D。

色光混合的代替律表明，只要在感觉上颜色是相似的便可以互相代替，所得到的视觉效果是同样的。设A+ B=C，且X+Y=B，则A+X+Y=C。由代替律产生的混合色光与原来的混合色光在视觉上具有相同的效果。色光混合的代替律非常重要，根据代替律，可以利用色光相加的方法产生或代替各种所需要的色光，色光的代替律，更加明确了同色异谱色的应用意义。

⑤亮度相加定律。由几种色光混合组成的混合色的总亮度等于组成混合色的各种色光的亮度总和。这一定律叫作色光亮度相加定律。这是因为色光相加，新色光的能量是参与混合的色光的能量总和，由于能量的增加，新色光的亮度提高。

2. 色料混合

颜料或染料等物质对不同波长的可见光进行选择性吸收后会呈现出各种不同的色彩，这些物质称为色料。凡是能溶于水、油、乙醇等有机溶剂的色料都称为染料，能整体染色，一般用于印染工业。在以上溶剂中不能溶解的色料都称为颜料。绘画用的色彩、建筑装潢用的油漆、印刷油墨中的色料一般为颜料。

不同的色料经混合后，吸收的光波增加而体现颜色的反射光波或透射光波被减少了，这种混合称为减色混合。

（1）色料三原色　理想的色料三原色应该是吸收一种三原色光而反射另两种三原色光。色料三原色是黄（Y）、品红（M）和青（C），其中黄的色相是纯净明亮的黄色，品红的色相是红色带玫瑰色，青为湖蓝色或天蓝色。它们的特点是调整色料三原色的比例可以混合出所有的色彩，但色料三原色不能由其他色料混合得到。因为吸收红光反射绿光和蓝紫光的色料呈青色，为了便于与色光三原色联系称为减红色。同样品红常称为减绿色，黄色常称为减蓝色。

理想的色料三原色实际上是不存在的。实际曲线的特点是该反射的色光和该吸收的色光都不彻底，与理想曲线有较大的差别，造成的结果是色料的颜色亮度低、饱和度小、色调不纯正并且不鲜明。

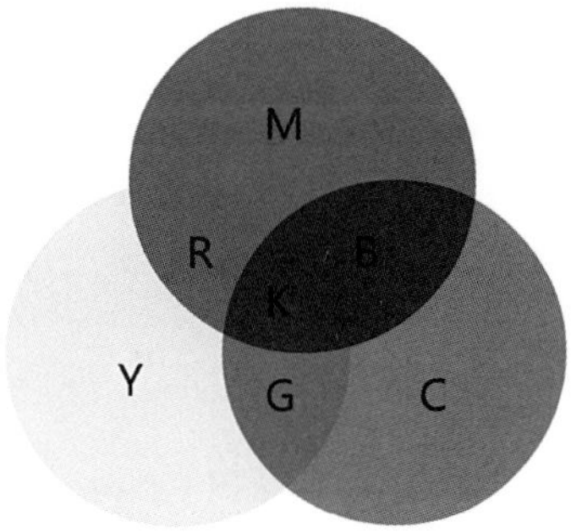

图2-42　色料减色法示意图

（2）色料减色混合规律　从复合光中减去一种或几种单色光而得到另一种色光的效果，称为色料减色法。

①等量混合。两种原色料或三种原色料等量混合，如图2-42所示（见彩插），有如下规律：

M+C=B（品红+青=蓝）

M+Y=R（品红+黄=红）

C+Y=G（青+黄=绿）

M+Y+C=K（品红+黄+青=黑）

青色料从照射光的白光中吸收红光，而反射蓝紫光和绿光，黄色料吸收了蓝紫光，最后只剩下了白光中的绿光从混合的色料中反射出来，因此，人们看到的便是绿色。色料三原色黄、品红、青同时混合就变成了黑色，因为白光中包含的色光（红光、绿光、蓝紫光）全部被黄、品红、青所吸收，没有剩余的色光可以反射。

实际上，三原色料混合的色调与理想三原色料有较大区别，如图2-43所示，从图

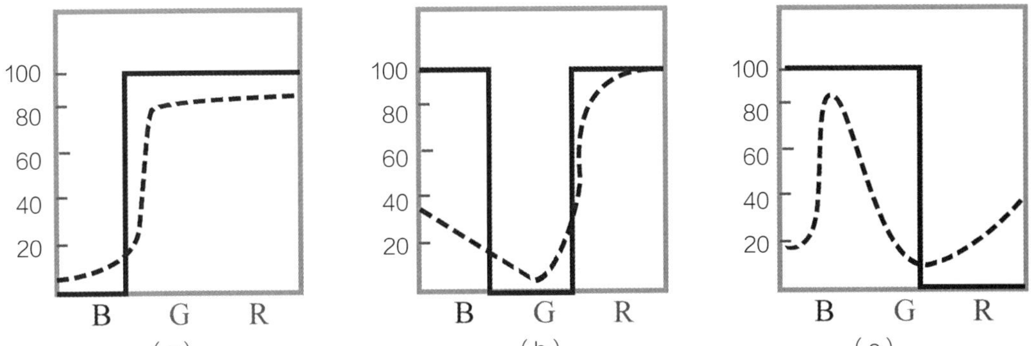

图2-43　色料三原色反射光谱曲线
（a）Y（黄）；（b）M（品红）；（c）C（青）

（a）中可见，实际的黄色料与青色料混合后曲线所呈的形状即为绿色，但它与理想的曲线图（a′）差异较大，反射率只有55%左右，而且向青色的方向偏移。

②不等量混合。两种原色料混合时，混合后的色相朝着比重大的原色变化。如黄色料与品红色料等量混合时，混合后的色相为红色。如品红色料比重大于黄色料时，其色相朝着品红色变化。反之，黄色料比重大于品红色料时，则色相朝着黄的色相变化，如红橙色、黄橙色等。

③色料互补色。色料混合时，凡色料三原色中的某一个颜色与其他色料混合后成黑色，则该两色料的颜色互为补色。例如：

M+G=K（品红+绿=黑）

Y+B=K（黄+紫=黑）

C+R=K（青+红=黑）

可以看出，色料三原色与色光三原色一样存在着补色关系。品红色与绿色、黄色与蓝色、青色与红色都是互补色。

（3）色料减色法的类型　透明色彩层的叠合与色料的调合是色料减色混合的两种类型。

①透明色彩层的叠合。透明色彩层的叠合在白光光路中，放入各种颜色的透明滤色镜，则与滤色镜色彩呈补色关系的那部分色光被吸收，而相同的那部分色光被透过。黄色滤色镜吸收了白光中的蓝紫色光，而透过红光与绿光，因而呈黄色。如在黄滤色镜后面加上青滤色镜，由于青滤色镜吸收红光，因此能透过去的只剩下绿光了，所以黄、青滤色镜叠合后呈绿色。如再加上品红滤色镜，即色料三原色滤色镜叠合在一起，就吸收了可见光谱中的全部色光而呈黑色，如图2-44所示。

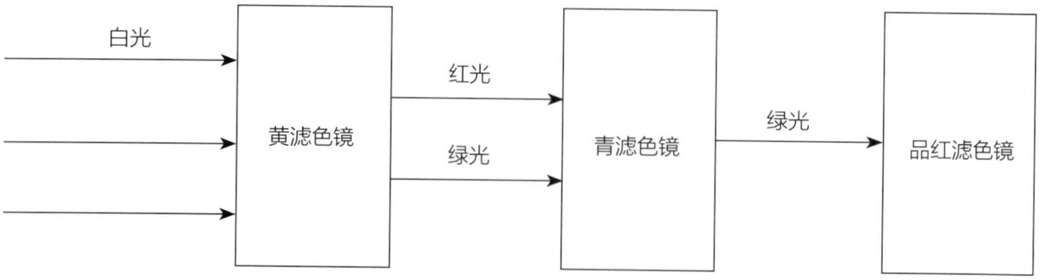

图2-44　滤色镜叠合呈色示意图

②色料的调和。几种色料混合后成为另一种新的颜色称为调色。混合后的颜色亮度降低。不论与补色或非补色相混合，明度都会降低，颜色变暗变灰。

色料中的原色是Y、M、C，称为一次色，是配置其他不同颜色用的基本色。两种原色重叠后成为R、G、B，称为间色或二次色。三原色叠合或原色与间色混合产生的颜色称为复色或三次色。三原色等量混合的复色为黑色。

三原色不等量混合，根据三原色等量混合形成黑色这一规律可知，3种原色的等量部分在混合色中构成消色成分，即黑色，而其余一种或两种原色调出混合色的色相。也就是说，三原色不等量混合的色相仍是一种或两种原色混合的色相，第3种原色参加混合不能改变这些颜色的色相，只降低了这些颜色的亮度。

（4）色料的混合规律

①任意两种原色混合，可以得到各种混合色，其颜色取决于两原色的含量比例。

②三种原色混合得到复色。三种原色不等量混合，其颜色是两种比例较大的原色的混合颜色，混合色的明度降低。

③两色混合后得到黑色或中性灰色，这两种颜色互为补色，如M和G、Y和B、C和R。

④色料混合相当于扩大了其对光谱的吸收范围，所以混合色中用的原色越多，新颜色的亮度越低。

（5）色光混合与色料混合的关系　色光是加色混合，色料是减色混合。加色法与减色法都是针对色光而言，加色法指的是色光相加，减色法指的是色光被减。加色法是色光混合成色的方法，色光混合后不仅颜色发生了变化，同时能量也发生了增加。减色法是色料混合成色的方法，色料混合后不仅形成新的颜色，同时亮度也降低了。比如把等量的红光与绿光混合，则得到明亮的黄色光；把等量的红色料与绿色料混合则变成了暗淡的黄灰色。因此，加色法是指两种以上的色光同时刺激人的视神经而引起的色效应，减色法是指从白光或其他复色光中减去某些色光而得到另一种色光刺激的色效应。从互补关系来看，有三对基本的互补色，分别是红与青、绿与品红、蓝与黄。在色光加色法中，互补色相加，得到白色。在色料减色法中，互补色混合得到黑色。表2-4列出了减色法与加色法的关系。

表2-4　减色法与加色法的关系

项目	色光加色法	色料减色法
三原色	R、G、B	Y、M、C
成色基本规律	R+G=Y R+B=M G+B=C R+G+B=W	Y+M=R Y+C=G M+C=B Y+M+C=K
实质	色光相加，光能量增大	色料混合，光能量减小
效果	明度增大	明度减小
成色方式	视觉器官外空间混合 静态混合 视觉器官内动态混合	色料混合（调和） 透明层叠合
补色关系	补色光相加，越加越亮	补色光相加，越加越暗
主要应用	彩色电视、显示器	绘画、摄影、印刷

四、彩色分解与合成

从色彩的角度可将印刷过程划分为颜色的“分解”和“合成”两个阶段。

1. 彩色的分解

印刷复制过程实际上是一个颜色的复制过程，因为原稿上所有的图像、图形和文字都是通过不同的颜色表现出来的。将原稿的颜色分解为三原色的数值，将颜色信息以油墨墨量的形式记录在各原色印版上。颜色的分解是利用红、绿、蓝滤色片，对原稿反射或透射的色光选择性的透过和吸收进行的，如图2-45所示。

（1）分色的操作方式　传统印刷工艺中的“分色”经历了照相制版分色工艺、电子分色工艺、彩色桌面出版系统扫描分色等不同阶段，并随着科技的发展不断的更新着。

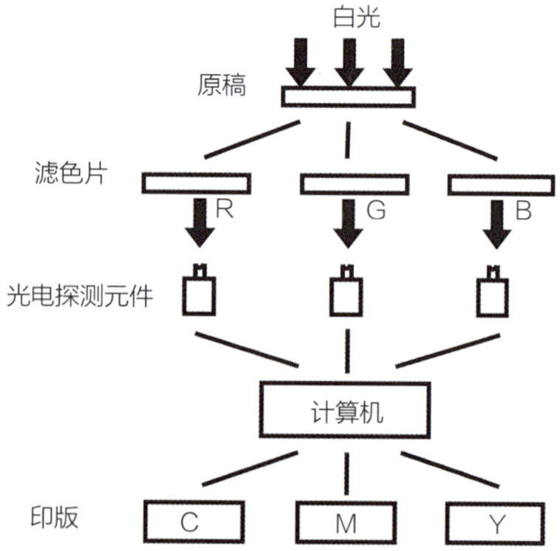

图2-45　色彩的分解

目前，分色过程是在原稿输入后完成

的。原稿可以借助平台式扫描仪、滚筒式扫描仪、数码相机等设备输入到计算机中，转换为数字图像。这些输入设备是用不同的光学元件获取原稿颜色的，所以原稿在输入阶段会被分解为红、绿、蓝三种光色成分，表现为RGB模式。RGB模式的图像可以在计算机显示器上显示出来，但不能进行印刷。如果要应用于印刷，必须进行分色，分成黄、品红、青、黑四种颜色。

分色的操作方式非常简单，只需在印前设计或图像处理软件中，把输入进来的原稿图像的颜色模式，由RGB模式转换为CMYK模式即可。分色工序完成后，图像的颜色被分解为黄、品红、青、黑四种成分，其信息储存在图像的颜色通道中，输出胶片时就会按颜色的通道数据生成网点，并分别生成黄、品红、青、黑四张分色胶片。

（2）网点作用

①网点可以表现阶调层次的变化。在传统四色印刷过程中，油墨的传递与合成必须借助印版，而印版上只有图文部分和非图文部分（空白部分）。如果印版不在微观上进行处理，那么通过该印版只能印出“完全着色”和“完全不着色”两种层次。色彩阶调无法实现连续渐变，就无法表现出原稿上丰富的阶调层次。如果能将印版上的图文部分分割成无数面积大小不同的小网点进行印刷，单位面积内的着墨量就有了变化，在视觉效果上也就有了不同的阶调层次。所以印刷过程中，连续调图像必须通过加网的方式转变成网目调图像，才能表现出图像阶调层次的变化。

如图2-46所示，网点大而密集的部位，网点密度极大，颜色所表现出来的层次就显得浓密；网点小而稀疏的部位，网点密度很小，颜色所表现出来的层次就显得淡薄。当网点在大小和疏密上进行循序渐进的变化处理后，图像的层次感就产生了。

②网点可以组织颜色。原稿图像上的颜色有成千上万种，但油墨只有青、品红、黄、黑四种，怎样用四种原色墨再现原稿上数以百万计的颜色？这就需要对图像中的单色信息进行加网设置。如果一种颜色在青版和黄版上都用大而密集的网点进行表现，将来印刷合成时就会呈现绿色；如果在青版上用小而稀疏的网点、在黄版上用大而密集的网点，将来印刷合成时就会呈现黄绿色。同理，将其他原色都用大小和

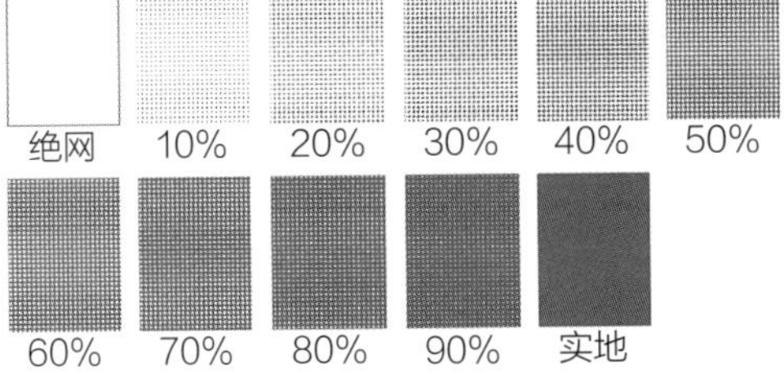

图2-46　网点可以表现阶调层次的变化

疏密不同的网点来表现，最终印刷时，就能合成为各种不同的颜色，再现原稿丰富的色彩。所以网点可以起到组织颜色的作用。

如图2-47所示（见彩插），当黄、品红、青三种原色，按各种不同的网点大小和疏密程度组合在一起时，其实质是在颜色之间进行等量或不等量的混合。比如，任意两种原色网点以最大密度叠合在一起时，其实质是在进行二者的等量混合，通过油墨点的叠合呈色，就能分别表现出红、绿、蓝三种典型间色的效果；任意两种原色网点以大小、疏密不同的方式并置时，其实质是在做二者的不等量混合，通过油墨点的并列、叠合、半并半叠，能表现出各种中间色的效果，色相倾向于网点面积相对大而密集的一色。可以看出，四色印刷就是通过网点的大小和疏密变化来组织颜色和阶调的，由四种原色墨就能组织出原稿上成千上万种颜色。

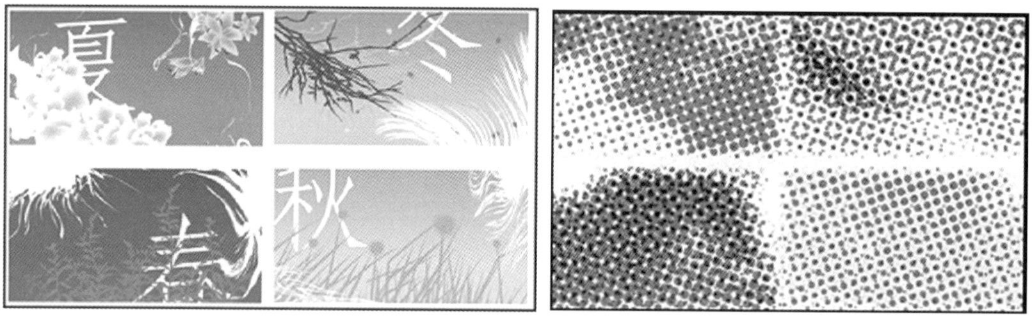

图2-47　网点可以组织颜色

综上所述，网点虽小、作用却很大，它是将原稿的色彩和层次转移到承印物上的基本元素，起着组织颜色和再现原稿阶调的作用，是印刷过程中直接传递油墨的最小单位。

（3）网点类型　连续调图像原稿如果要应用于印刷，必须将图像的颜色信息转变为用网点大小和疏密表现的形式，这一过程称为加网。加网后的图像成为无数网点组成的网目调图像，根据加网方式的不同，可分为调幅网点和调频网点。

①调幅网点。调幅网点指单位面积内网点数量不变，网点之间的相对距离固定，但网点的大小有变化。通过网点的大小变化去再现图像的浓淡深浅色调。调幅网点是最常用的加网方式。对于原稿颜色深的部位，印刷品上的网点面积大，空白部分小；对于原稿颜色浅的部位，印刷品上的网点面积小，如图2-48所示。

调幅网点的优点是：加网制作工艺简单，一般是通过RIP进行后台计算加网，应

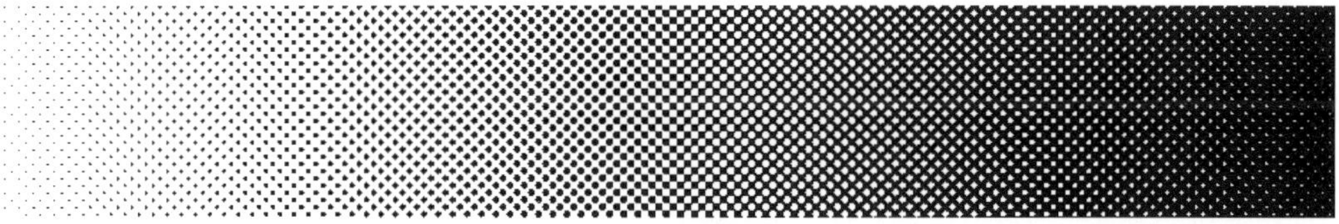

图2-48　调幅网点

用广泛；具有良好的印刷适性；同一墨色的网点间距和网点角度是固定的，能稳定的表现图像阶调的连续变化。

调幅网点的缺点是：容易产生线条的锯齿化和断裂，影响清晰度。由于网点排列有规律，所以在四色印刷时容易因网角错误或套印有误而产生干扰画面的“龟纹”。

②调频网点。调频网点是网点大小不变，通过网点的疏密变化来表达图像的颜色层次，如图2–49所示。在印刷品上，网点越密，印刷时的着墨密度越大，颜色的阶调越深。网点越稀疏，着墨的密度越小，颜色的阶调越浅。调频网点是由非常小的网点不规则的分布表现颜色层次的，又称“随机网点”。加网的算法由计算机操作完成，网点越小，表现的色阶和层次越多、越细腻。

（4）调幅网点的参数　由于调频网点的工艺要求相对复杂，所以目前四色印刷使用最多的还是调幅加网的方式。调幅网点具有四个基本特征：网点线数、网点角度和网点形状。

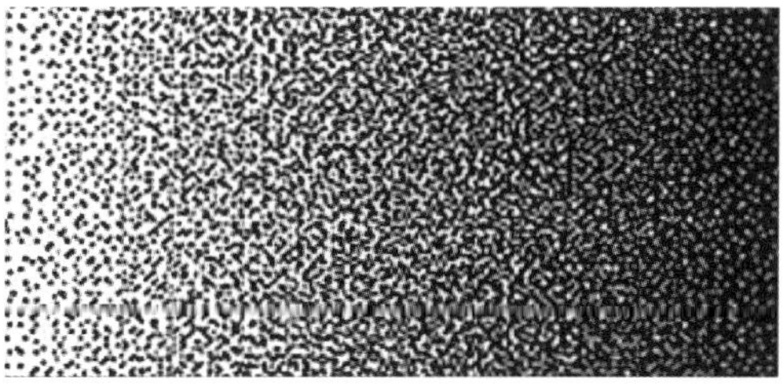

图2-49　调频网点

①网点线数。网点的形成就是由连续调原稿到半色调的过程，也就是加网的过程。加网线数也称网屏线数，是指在调幅加网中，单位宽度内排列的网点数，以“线每英寸（lpi）”或“线每厘米（Line/cm）”表示。加网线数高，网线越细，单位面积内所容纳的网点越多，图像细微层次表达越精细；加网线数低，便会减弱网屏所表达的层次，图像细微层次表达越粗糙，如图2–50所示（见彩插）。

（a）　（b）　（c）

图2-50　加网线数的变化

（a）501/in；（b）1001/in；（c）2001/in

“线每英寸”和“线每厘米”的换算关系，如表2-5所示。

表2-5　加网线数换算

线每英寸（lpi）	60	75	80	100	120	133	150	175	200
线每厘米（Lpc）	23.6	29.5	31.5	39.4	47.2	52.4	59.1	68.9	78.7

在实际生产过程中，网点线数的选择要根据印刷品的具体质量要求来确定。精美的印刷品要选择较高的加网线数，一般印刷品可选择中、低加网线数，表2-6所示为常见印刷品的加网线数。

表2-6　常见印刷品的加网线数

印刷品类别		加网线数（lpi）
胶版纸	报纸、户外广告、招贴、海报等	80 ~ 100
	单色杂志、书籍、期刊、明信片、广告宣传品等	100、133、150
	彩色杂志、彩色宣传品等	133、150
铜版纸	一般印刷品	150、175
	精美印刷品（邮票、纸币）	200

②网点形状。网点的形状是指单个网点的几何形状，主要有方形、圆形、链形等。此外在印刷复制中，为达到某些特殊的艺术效果，还可采用一些特殊形状的网点，如波纹形、同心圆形、砖形、线形等，图2-51所示为一些常见的网点形状。

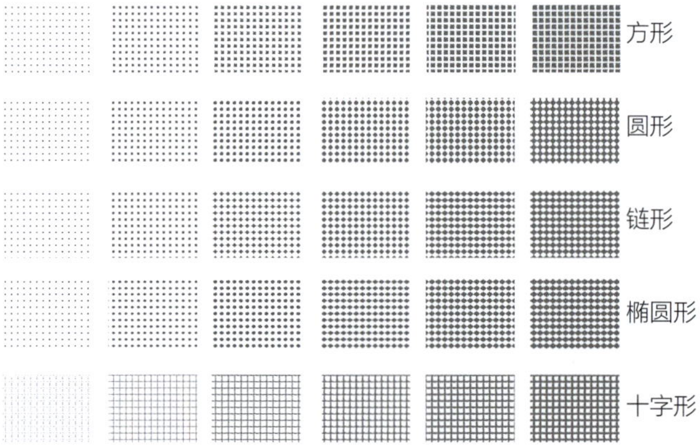

图2-51　网点形状

a．方形网点。方形网点形状比较规则，借助于小倍数放大镜即可以看出网在印刷过程中的油墨转移情况，便于控制印刷质量。但方形网点在50%处具有最长的周长，在墨层、压力稍有变化的情况下，网点极易跳级，使得中间调不柔和，层次过渡性差，出现硬口等弊病。因此，方形网点不适合中间调层次丰富的原稿印刷。

b．圆形网点。圆形网点也具有形状规则，容易判别网点的转移质量的优点。圆形网点在70%处具有最长的周长，此处网点扩大最严重，暗高层次容易并糊，而中间调和中间调以下网点扩大较小，层次复制效果较好。因此，圆形网点不适合以暗调为主的图像的复制。

c．链形网点。网点呈链形，也称菱形。链形两对角线是不等的，当长轴搭角时，网点面积约为40%。当短轴搭角时，网点面积约为60%，印刷时两处都会出现较小的层次跳跃，避开了中间调网点较大的变化。链形网点表现画面阶调特别柔和，反映层次也很丰富，特别合适以中间调为主的人物和风景图片的复制。

③网点角度

a．网点角度。在印刷品上，如果利用放大镜来观察印刷品上的图像，则会看到组成印刷品图像的网点是按照一定的规律进行排列的。网点角度表示的就是网点排列的方向，一般情况下，网点角度指网点的中心连线和水平线之间的夹角，如图2-52所示。一般逆时针方形测得的角度就是该网点排列结构的网点角度，因为网点的排列结构是由相交90° 的纵横两列方向所组成。根据三角函数，约定网点角度只能够在第一象限内，其中0° 与90° 是相等的。菱形网点因为纵向和横向网点形状的不同，只有在180° 的两列方向上才能够算是完全一致的。圆形网点的排列方向可以在180° 内表

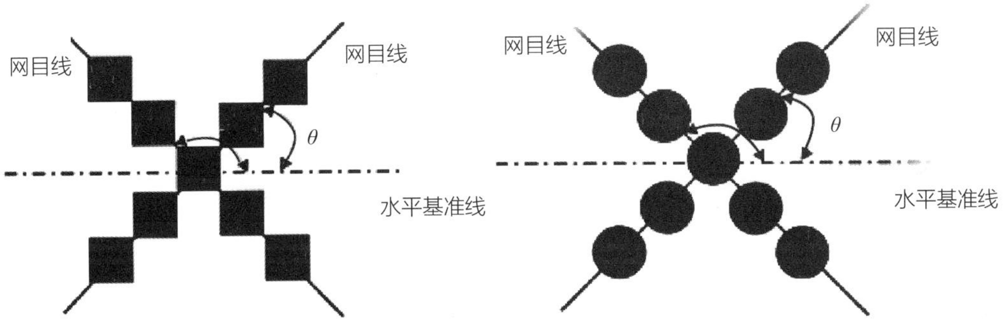

图2-52　网点的角度

示。对常用的方形网点来说，主要使用的网点角度有0°、15°、45°、75°。

b. 网点角度的特点。调幅网点存在明显的角度感。四色印刷前，每种原色的网点都要给予其一定的角度，为提高印刷质量，设置网点角度时，应注意网点角度的以下两个重要特点。

从视觉效果来看，45°的网点角度对视觉最舒服、最美观，表现为稳定而不呆板，有生动活泼的感觉，被认为是最佳的稳定角度；15°与75°次之，在水平或垂直方向有明显的锯齿感，虽不稳定，但也不呆板；视觉效果最差的是0°（90°），虽然也稳定，但是太呆板，美感较差，如图2-53所示。

当两种以上角度不同的网点叠合时，在放大镜下会看到有明显的干扰花纹产生，称为龟纹或莫尔纹，如图2-54所示（见彩插）。龟纹有美观和不美观的区分。观察发现，两种网点角度的角度差为30°或60°时，网点呈打散状态，纹路感相对较弱、对画面的干扰较少，这种比较美观的龟纹称为玫瑰纹。角度差为其他数值时产生的龟纹都不美观，如角度差为15°时，会形成对画面干扰严重的方块纹，角度差为45°时会产生布纹。所以，各网点的角度搭配应恰当，避免出现不美观的龟纹，从而干扰画面。

（5）黑版　采用黑版的目的是用来替代青、品红、黄三色叠印非彩色成分。

好处：补偿图像暗调的不足，增大图像的反差，在图像中起到骨架作用；节省油墨，提高印刷速度与质量；解决文字的印刷问题。

增加黑版的方法：底色去除（UCR）与灰成分替代（GCR）。

①底色去除工艺（UCR）。UCR是指在分色过程中，借助软件技术将图像较暗区域的复色中青、品红、黄三原色等量减少一部分，适量增加黑墨来替代的技术。

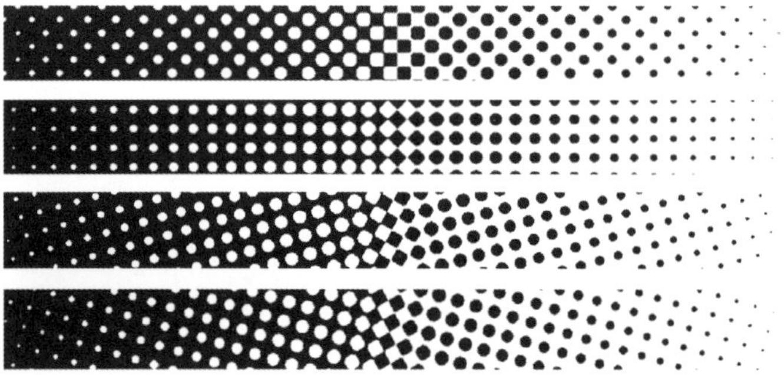

图2-53　常用网点角度的效果比较（从上至下依次是：45°、0°、15°、75°）

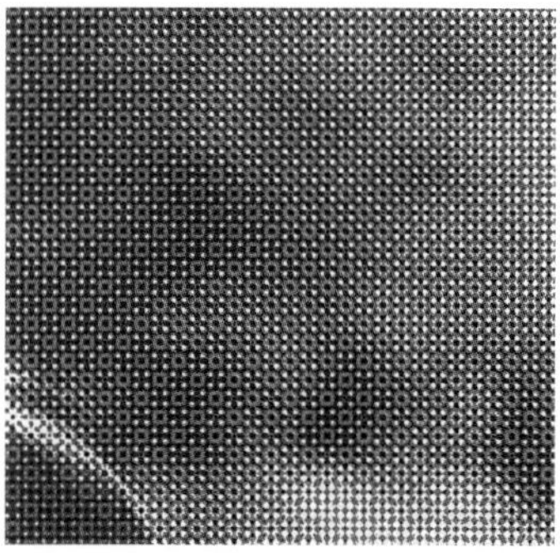

图2-54　龟纹

UCR的理论依据有两个：第一是根据减色法代替律，两种成分不同的颜色，只要视觉效果相同，就可以互相代替使用。第二是三原色等量叠加可以产生黑色或一系列明度不同的灰色。基于以上两个原理，可以用适当浓度的黑色墨来代替图像中三原色等量的部分，而视觉效果基本保持不变，这就是UCR的基本原理，如图2–55（见彩插）、图2–56所示（见彩插）。UCR只对图像中由三原色叠合而成的复色起作用，对鲜艳的原色和间色不起作用，这是因为只有复色中才含有三种原色成分，才能被等量的去除一部分，用明度不同的灰色或黑色取代。

若想表现图中的复色色样，可采用以下几种方法：

a．不使用任何分色手段，直接用100%的黄墨、90%的品红墨、70%的青墨进行三色叠印，油墨总覆盖率为100%（Y）+90%（M）+70%（C）=260%。

b．因为20%（C+M+Y）=20%（K），所以可将青、品红、黄三原色墨中的20%等量的部分去除，用20%的黑墨取代。最终的油墨配比为：80%的黄墨、70%的品红墨、50%的青墨、20%的黑墨进行四色叠印，油墨总覆盖率为80%（Y）+70%（M）+50%（C）+20%（K）=220%。

c．尝试将彩色墨去除更多。因为40%（C+M+Y）=40%（K），所以可将青、品红、黄三原色墨中的40%等量的部分去除，用40%的黑墨取代。最终的油墨配比为：60%的黄墨、50%的品红墨、30%的青墨、40%的黑墨进行四色叠印，油墨总覆盖率为60%（Y）+50%（M）+30%（C）+40%（K）=180%。

在以上三种方式中，最终得到的颜色都是相同的复色色样，但采用第一种方式时，油墨总覆盖率达到260%；采用第二种方式时，油墨总覆盖率降到220%；采用第三种方式时，油墨总覆盖率降到180%。后两种方式都是属于底色去除工艺的应用。

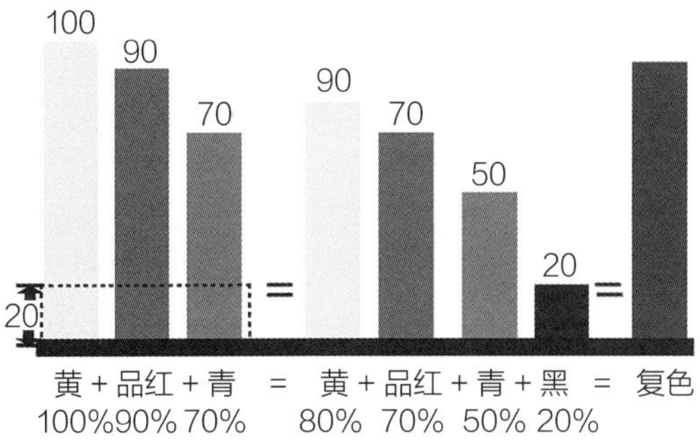

图2–55　UCR的基本原理（底色去除20%）

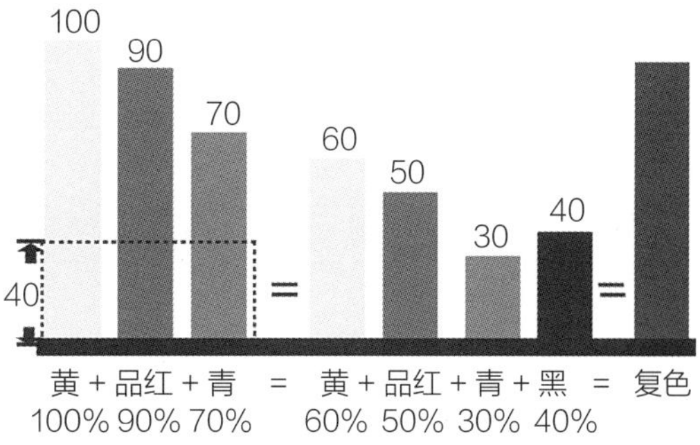

图2–56　UCR的基本原理（底色去除40%）

除了上述底色去除方式，也可按其他比例进行三原色墨的等量去除和黑色墨的取代，比如去除25%或50%的等量部分，也可达到减少油墨总覆盖率的作用。

UCR工艺的优点是：油墨的总覆盖率直线下降，油墨干燥时间缩短，减少印品粘脏、提高印刷适性、改善叠印效果；彩墨被黑墨取代可以降低油墨成本；有助于稳定暗调部位的颜色，不易产生偏色。

如图2-57所示（见彩插），是采用UCR工艺分色后的黑版和彩色版信息。可以看到，彩色版仍然具有较大密度，颜色比较鲜纯；黑版为短调黑版，只在暗调部位出现，起到骨架的作用。

从图中的各色信息可以总结出，UCR工艺有以下几个特点：

a. 黑版的作用范围较小，UCR工艺只对图像画面中较暗部位的复色进行去除和取代。较浅的部位，比如人物面部的高光区域、物体的受光部位等，即使有复色成分也不进行取代。这是因为，暗调复色的油墨总覆盖率相对较高，用黑墨进行部分取代可以减薄墨层，有利于印刷和干燥。而亮调处复色的油墨总覆盖率相对较低，不需要进行取代。因此UCR工艺生成的黑版上，只在较暗部位有黑色信息。

b. 在UCR工艺中，彩色是主色、黑色是辅助色。黑版作用的范围较小，只在较暗部位和部分中间调区域出现，属于短调黑版，又称骨架黑版，可以起到加强图像反差，使图像中的轮廓形象更加突出的效果，这是采用UCR工艺分色最明显的特征。

c. 采用UCR工艺时，复色中三原色等量的部分没有被全部去除，只用黑墨取代了一部分，暗调处大部分复色仍是由青、品红、黄、黑四种颜色成分组成的，所以暗

图2-57 采用UCR工艺分色后的黑版和彩色版信息

调部位的颜色显得非常饱满，画面非常丰富。

②灰成分替代工艺（GCR）。GCR工艺是指在分色过程中，借助软件技术将图像画面中所有复色中所含有的灰色成分全部去除，适量增加黑墨来补偿的技术。

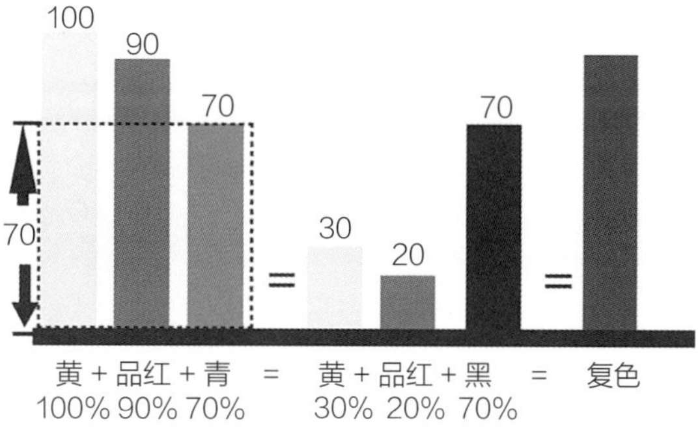

图2-58 GCR工艺原理

GCR工艺属于UCR工艺的“升级版”。UCR工艺是将暗调部位复色中的三原色成分，适当的等比例去除一部分，用黑墨来取代。而GCR工艺则是将整个画面中所有复色的三原色等量部分全部去除，用相应浓淡的黑墨来替代。简而言之，UCR工艺中能用彩色表现的，尽量用彩色去表现；GCR工艺中能用黑色表现的，尽量用黑色去表现，原理如图2-58所示（见彩插）。

采用GCR工艺时，从亮调到暗调的所有复色，都以比例最小的一种原色为基数，去除了三原色等量的部分。也就是说，在所有复色部位，比例最小的一种原色墨被全部去除了，所以GCR工艺的实质是“两种原色”加一种“黑色”的混合方式。如图2-59所示（见彩插），复色色样以比例最小的青色为基础，将三种原色70%的等量部分全部去除，用70%的黑色替代。最终表现为30%的黄、20%的品红和70%的黑色的三种色的混合，油墨总覆盖率将为120%。

图2-59 采用GCR工艺分色后的黑版和彩色版信息

如图2-59所示，是采用GCR工艺分色后的黑版和彩色版信息。可以看到，彩色版的颜色密度已经大大降低，墨层已经减到很薄；黑版为长调黑版，从亮调到中间调到暗调都有黑版成分分布，成为印刷合成时最主要的印版。

GCR工艺的特点是：GCR工艺以黑版为主、彩色版为辅；黑版作用范围宽广，从亮调部位到暗调部位全阶调范围内的复色中，三原色等量部分都被灰成分替代。黑版属于真正的长调黑版，这是GCR工艺最显著的特征。

GCR工艺的优点是：油墨覆盖面积大大减少，油墨干燥速度快，适合多色印刷的要求，为后续印刷提供了优化的条件；改善了印刷过程中三原色油墨量的波动性而造成偏色、露色等弊病，有利于中性灰色的平衡，从而提高了色彩再现的稳定性；彩墨用量大幅减少，能降低油墨成本；对以黑色和灰色为主的中国画中的水墨画、古画复制极为有利。

GCR工艺的缺点是：由于彩色油墨量的减少和黑墨的极大密度值不足，会暴露出网点的细微结构，使复制品的饱和度下降，色泽暗淡，光泽度不佳。即使最轻微的套印不准，也会在黑色和其他色域间出现闪亮的白边，影响复制质量。对浅调复色，因缺乏透明感而发灰，显得不纯净，并且色彩单薄；对人物的脸部等肤色，色彩复制不够理想；对分色片和三色样张不易识别，难以掌握。

（6）灰平衡　印刷灰平衡是指以C、M、Y三原色版按不同网点面积百分比的组合，在印刷中生成中性灰色。具体地说，就是在一定的印刷适性条件下（纸张、油墨、印刷机等），C、M、Y三原色版从浅到深按一定的网点面积百分比组合套印，获得不同深浅的灰色（白、浅灰、中灰、深灰、黑），这个过程称印刷灰平衡。

2. 彩色的合成

将各原色印版上的原色油墨信息以印刷的方式进行混合，利用各原色油墨的不同比例忠实地还原出原稿丰富的色彩，如图2-60所示。

各原色油墨的不同比例称为网点百分比，当印版上网点百分比不同时，在同一承印物上形成的颜色特征是不同的。不同的网点在承印物上主要以并列和叠合的样式出现。

（1）网点的并列　彩色印刷品的亮调部分在黄、品红、青、黑各块印版和原稿亮

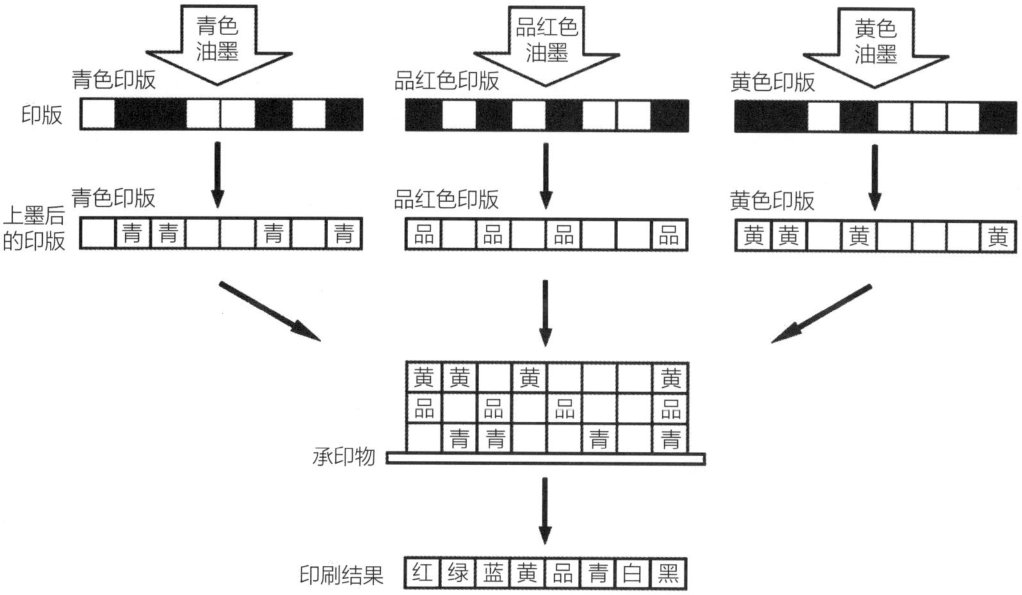

图2-60 色彩的合成

相对应部位的网点覆盖率都比较小，网点分布稀疏，因而印刷品亮调部分的网点大多处于并列状态。当黄网点和品红网点并列时，白光照射到黄网点上，黄网点吸收蓝光，反射出红光和绿光；白光照射到品红网点上，品红网点吸收绿光，反射出红光和蓝光。四种色光在空间进行混合，按照色光加色法，红光、绿光、蓝光混合成白光，而余下的为红光。若两个网点的距离很小，彼此十分靠近，人眼看到的是红色。同样道理，品红和青网点并列人眼看到蓝色，青网点和黄网点并列人眼看到绿色，如图2-61所示（见彩插）。

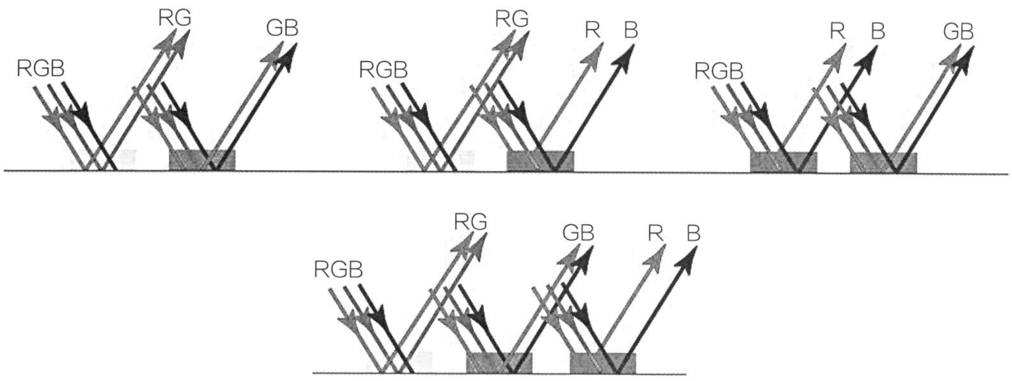

图2-61 网点的并列

两个网点并列时，产生的颜色，偏色于大网点的一方，例如大的青网点和小的品红网点并时，产生的颜色偏青色。黄、品红、青三个网点并列时，由于油墨吸收了部分色光，纸张对色光也有不同的吸收，不能100%的反射色光，当网点间距离很小时，人眼看到的是灰色。

（2）网点的叠合　彩色印刷品的暗调部分，黄、品红、青、黑各块印版和原稿暗调相对应部位的网点率都比较大，网点密集，因而印刷品暗调部分的网点大都处于叠合状态。当品红色的网点叠合在黄网点上面时，白光先照射到品红网点上，白光中的绿光被吸收，红光、蓝光透射到黄网点上，蓝光被黄网点吸收，透过品红网点照射到白，再从纸面上反射出来的只有红光，人眼看到的红色。同样道理，品红和青网点叠合人眼看到的是蓝色，青网点和黄网点叠合看到的是绿色。黄、品红、青三网点叠合在一起时，白光中的蓝、绿、红光均被吸收，人眼看到的是黑色，如图2-62所示（见彩插）。

网点叠合再现颜色的方式，受到油墨透明度的影响，透明度低的油墨呈色效果不好，完全不透明的油墨只能作为第一色印刷。印刷品的中间调部分，层次丰富，颜色合成的方式即有网点并列又有网点叠合。根据网点并列和网点叠合再现颜色的原理可以知道，油墨吸收色光的多少，墨层的厚，油墨的色浓度，印刷的顺序，均会影响颜色再现的效果。

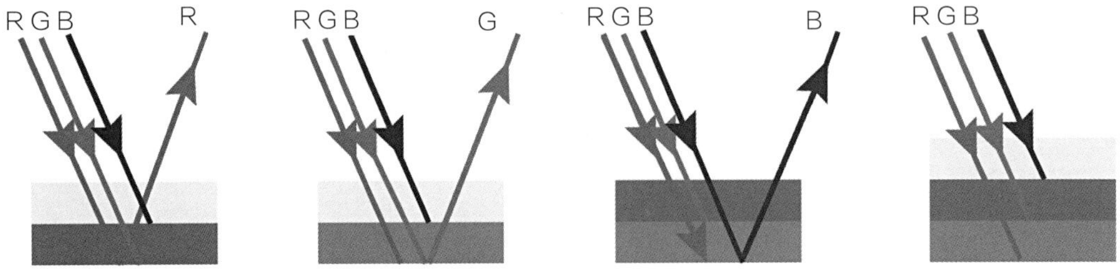

图2-62　网点的叠合

第三章

印前设备基础知识

学习目标

1. 认识常见的印前设备。
2. 掌握印前设备的工作原理。
3. 掌握印前设备的维护保养知识。

第一节　计算机

一、计算机基础知识

计算机系统包括硬件系统和软件系统两大部分。

1. 硬件系统

硬件是指组成计算机的各种物理设备，包括计算机的主机和外部设备。具体由五大功能部件组成，即：运算器、控制器、存储器、输入设备和输出设备。这五大部分相互配合，协同工作。其工作原理为：首先由输入设备接受外界信息（程序和数据），控制器发出指令将数据送入（内）存储器，然后向内存储器发出取指令命令。在取指令命令下，程序指令逐条送入控制器。控制器对指令进行译码，并根据指令的操作要求，向存储器和运算器发出存数、取数命令和运算命令，经过运算器计算并把计算结果存在存储器内。最后在控制器发出的取数和输出命令的作用下，通过输出设备输出计算结果。

2. 软件系统

计算机软件系统包括系统软件和应用软件两大类。

（1）系统软件　系统软件是指控制和协调计算机及其外部设备，支持应用软件的开发和运行的软件。其主要功能是进行调度、监控和维护系统等。系统软件是用户和计算机的接口，主要包括：

①操作系统软件，如DOS、WINDOWS系列、Linux、Netware、macOS等。

②各种语言的处理程序，如低级语言、高级语言、编译程序、解释程序。

③各种服务性程序，如机器的调试、故障检查和诊断程序、杀毒程序等。

④各种数据库管理系统，如SQL Sever、Oracle、Access、SYBASE等。

（2）应用软件　应用软件是用户为解决各种实际问题而编制的计算机应用程序及其有关资料。应用软件主要有以下几种：

①用于科学计算方面的数学计算软件、统计软件。

②文字处理软件（如WPS、iWork、Office 、InDeSign系列等）。

③图像图形处理软件（如Photoshop、Illustrator、3DS MAX）。

④各种财务管理软件、税务管理软件、工业控制软件、辅助教育等专用软件。

二、计算机的性能指标

计算机性能的好坏，由它的系统结构、指令系统、硬件组成、软件配置等多方面决定，一般主要参考以下几个参数。

（1）运算速度　计算机的运算速度是指计算机每秒钟执行的指令数。常用CPU的主频来进行衡量，主频越高，运算速度就越快。

（2）字长　计算机在同一时间处理的一组二进制数称为一个计算机的“字”，这组二进制数的位数就是“字长”。字长越大计算机处理速度越快，现在的计算机以32位和64位为主。

（3）内存储器的容量　内存储器，简称主存、内存，是CPU直接访问的存储器，其大小反映了计算即时存储信息的能力。

（4）外存储器的容量　外存储器的容量通常指硬盘容量（包括内置硬盘和外置存

储设备）。

三、保养维护

计算机的良好保养和操作习惯，可以减少故障的产生，延长计算机寿命。

（1）保持安置计算机房间的干燥和清洁，尤其是电脑工作台要每天（或两三天，视房间的清洁度而定）除尘。经常注意清理机器内的灰尘及擦拭键盘与机箱表面，计算机不用时要盖上防尘罩。

（2）应保证电源线与信号线的连接牢固可靠；在加电情况下，不要随意搬动主机与其他外部设备。开机时应先给外部设备加电，后给主机加电；关机时应先关主机，后关各外部设备，开机后不能立即关机，关机后也不能立即开机，中间应间隔10s以上。计算机应经常处于使用状态，避免长期闲置不用。

（3）避免进行非法软件的复制。使用光盘或移动外部存储器前，一定要先杀毒；安装或使用后也要再查一遍毒。经常检测，防止计算机传染上病毒。为保证计算机正常工作，在必要时利用软件工具对系统区进行保护。

（4）系统非正常退出或意外断电，应尽快进行硬盘扫描，及时修复错误。因为在这种情况下，硬盘的某些簇链接会丢失，给系统造成潜在的危险，如不及时修复，会导致某些程序紊乱，甚至危及系统的稳定运行。

（5）对系统软件做备份。对重要的应用程序和数据也应该做备份。经常注意清理磁盘上无用的文件，以有效地利用磁盘空间。

第二节　扫描仪

一、扫描仪基础知识

扫描仪是印前系统的关键设备，也是计算机系统的一种信息采集与输入设备。

扫描仪是利用光电技术和数字处理技术，以扫描方式将图形或图像信息转换为数字信号的装置。扫描仪通常被用于计算机外部仪器设备，通过捕获图像并将之转换成计算机可以显示、编辑、存储和输出的数字化输入设备。照片、文本页面、图纸、美术图画、照相底片，甚至纺织品、标牌面板、印制板样品等三维对象都可作为扫描对象，提取和将原始的线条、图形、文字、照片、平面实物转换成可以编辑及加入文件中的装置。

扫描仪的类型很多，但专业的平版制版工艺中常用的扫描仪是滚筒式扫描仪和平面扫描仪。

扫描仪的工作原理为：自然界的每一种物体都会吸收特定的光波，而没被吸收的光波就会反射或透射出去。扫描仪工作时发出的光照射在稿件上，没有被吸收的光线将被照射到光学感应器上。光感应器接收到这些信号后，将这些信号传送到模数（A/D）转换器，模数转换器再将其转换成计算机能读取的信号，然后通过驱动程序转换成显示器上能看到的图像。

1. 扫描仪分类

扫描仪根据其结构不同，一般分为平台式扫描仪和滚筒式扫描仪两种，另外现在为了扫描一些具有立体感的实物原稿，也出现了一些具备3D立体扫描功能的扫描仪。

（1）平台式扫描仪　平台式的感光元件是电荷耦合器件（CCD）。扫描时，将原稿放置在扫描平台上，扫描平台与光源相对运动，线状扫描光源逐行照亮原稿。原稿反射的彩色光线通过镜头成像在光电转换器件CCD上，所产生的红/绿/蓝模拟信号被A/D转换器变成数字图像信号。最后由控制扫描仪操作的软件读取这些信号所产生的数据，将它们组合成数字图像文件。图3-1为平台式扫描仪的结构简图。

（2）滚筒扫描仪　滚筒式的扫描仪使用的感光元件为光电倍增管（PMT）。扫描时，原稿图片贴附在扫描滚筒上，原稿随滚筒转动，每转一周扫描一行，滚筒转动的同时扫描头沿轴向移动。扫描光源逐点照射原稿。原稿来的彩色光线通过镜头，经分光滤色系统到达光电转换器件PMT上，所产生的红/绿/蓝模拟信号被A/D转换器变成数字图像信号。图3-2为滚筒扫描仪的结构简图。

滚筒扫描仪和平台式扫描仪的主要差别：

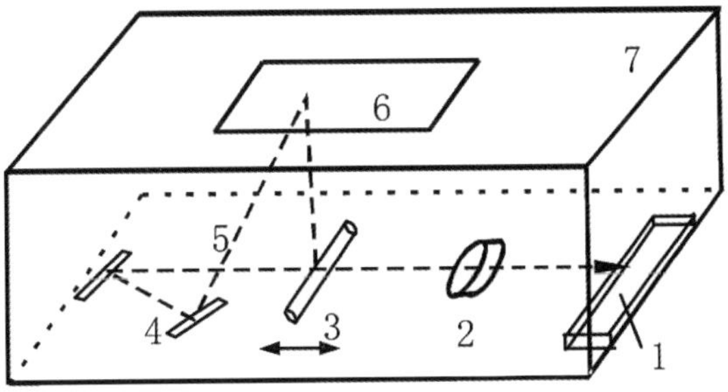

图3-1　平台式扫描仪的结构简图

1—CCD　2—镜头　3—灯管　4—反光镜
5—光线　6—原稿　7—玻璃罩

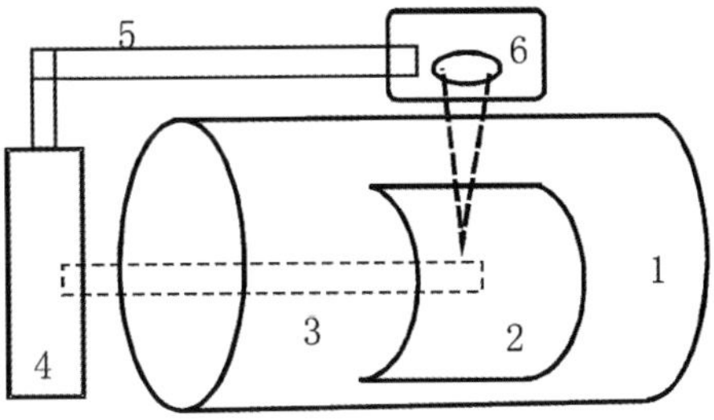

图3-2　滚筒扫描仪的结构简图

1—透明滚筒　2—原稿　3—透射光源光臂
4—照明光源　5—反射光源光臂
6—扫描头（光孔、光电倍增管等）

①最高密度范围不同。滚筒扫描仪的最高密度可达4.0，而一般中低档平板扫描仪只有3.0左右。因而滚筒扫描仪在暗调的地方可以扫出更多细节，并提高了图像的对比度。

②图像清晰度不同。滚筒扫描仪有四个光电倍增管：三个用于分色（红、绿和蓝色），另一个用于虚光蒙版。它可以使不清楚的物体变为更清晰，可提高图像的清晰度，而CCD则没有这主面的功能。

③图像细腻程度不同。用光电倍增管扫描的图像输出印刷后，其细节清楚，网点细腻，网纹较小，而平板扫描仪扫描的照片质量在图像的精细度方面相对来说要差些。

（3）三维立体式扫描仪　三维扫描仪是一种记录物体三维信息的图像输入设备，主要用来侦测并分析现实世界中物体或环境的形状（几何构造）与外观数据（如颜色、表面反射率等信息）。搜集到的数据常被用来进行三维重建计算，在虚拟世界中创建实际物体的数字模型。

2. 扫描仪的性能参数

（1）分辨率　分辨率是扫描仪最主要的技术指标，它表示扫描仪对图像细节上的表现能力，即决定了扫描仪所记录图像的细致度，其单位为PPI（Pixels Per Inch）。通常用每英寸长度上扫描图像所含有像素点的个数来表示。

扫描分辨率一般有二种：光学分辨率和插值分辨率。

光学分辨率就是扫描仪的实际分辨率，它是图像的清晰度和锐利度的关键性能指标。

插值分辨率是通过软件运算的方式来提高分辨率的数值，即用插值的方法将采样点周围遗失的信息填充进去，也被称作软件增强的分辨率。

（2）灰度级　灰度级表示图像的亮度层次范围，具体地说就是扫描仪从纯黑到纯白之间平滑过渡的能力。级数越多扫描仪图像亮度范围越大、层次越丰富，常见扫描仪的灰度级一般为256级（8位）、1024级（10位）各4096（12位）。

（3）色彩数　色彩数表示彩色扫描仪所能产生颜色的范围。通常用表示每个像素点颜色的数据位数即比特位（bit）表示。越多的比特位数可以表现越复杂的图像信息，色彩数越多扫描图像越鲜艳真实，色彩位数一般采用RGB三通道的数值总和来表达，常见的有24bit、32bit、36bit等。

（4）扫描速度　扫描速度有多种表示方法，因为扫描速度与分辨率，内存容量，软盘存取速度以及显示时间，图像大小有关，通常用指定的分辨率和图像尺寸下的扫描时间来表示。通常将扫描文件的速度达每分钟100页的称为高速扫描仪，60～100页的称为中速扫描仪，20～60页的称为低速扫描仪。

（5）扫描幅面　表示扫描图稿尺寸的大小，常见的有A4、A3、A0幅面等。

二、维护保养

（1）要保护好光学部件　在扫描仪的使用过程中，不要轻易地改动光学装置的位置，要尽量避免扫描仪的震动或者倾斜。在移动扫描仪时，一定要把扫描仪背面的安全锁锁上，以避免改变光学配件的位置。遇到扫描仪出现故障时，不要擅自拆修，要送到厂家或者指定的维修站去。扫描仪应该定期检测扫描光源，当扫描光源老化时及时进行更换。扫描仪在刚开启的时候，光源的稳定性较差，而且光源的色温也没有达到扫描仪正常工作所需的值，所以在开始扫描以前最好先让扫描仪预热一段时间（时间从60s到几分钟，依具体环境而定）。

（2）做好清洁工作　平时一定要认真做好保洁工作。尽量要在无尘或者灰尘尽量少的环境下使用扫描仪，用完以后，一定要用防尘罩把扫描仪遮盖起来，以防止更多的灰尘来侵袭。当长时间不使用时，还要定期地对其进行清洁。清洁时，可以先用柔软的细布擦去外壳的灰尘，然后再用清洁剂和水对其认真地进行清洁。接着再对玻璃平板进行清洗，由于该面板的干净与否直接关系到图像的扫描质量，因此在清洗该面板时，先用玻璃清洁剂来擦拭一遍，接着再用软干布将其擦干净。不要用有机溶剂来清洁扫描仪，以防损坏扫描仪的外壳以及光学元件。另外，务必保持扫描仪玻璃的表面不受损害。

（3）不要带电接插扫描仪　一旦扫描仪通电后，千万不要热插拔SCSI、EPP接口的电缆，这样会损坏扫描仪或计算机，USB接口除外。

第三节　数码相机

相机作为数据输入的一种方式，也被广泛使用，相机可以获取风景、人物、产品等各种信息做为图像在印前工序中使用。

数码相机是一种利用电子传感器把光学影像转换成电子数据的设备。光线通过镜头或者镜头组进入相机，通过数码相机成像元件转化为数字信号，数字信号通过影像运算储存在存储设备中。数码相机的成像元件是光感应式的电荷耦合器件CCD或者互补金属氧化物半导体CMOS。

一、相机的分类

数码相机按用途分为：单反相机，微单相机，卡片相机和长焦相机等。

（1）单反相机　单反数码相机就是指单镜头反光的数码相机。市场中的代表机型常见于尼康、佳能、宾得、富士等。此类相机一般体积较大，比较重。

在单反数码相机的工作系统中，光线透过镜头到达反光镜后，折射到上面的对焦屏并形成影像，透过接目镜和五棱镜，可以在观景窗中看到外面的景物。单反数码相机的一个特点就是可以交换不同规格的镜头。

（2）微单相机　微，微型小巧，单，可更换式单镜头相机，即微型小巧且具有单反功能的相机称之为微单相机。

（3）卡片相机　卡片相机是指普通的数码相机，则非单反、非微单的小型数码相机。其中索尼T系列、卡西欧Z系列、奥林巴斯AZ和IXUS105等都应划分于这一领域。

（4）长焦相机　长焦数码相机就是拥有长焦镜头的数码相机。镜头的焦距一般用毫米来表示，例如常说的35mm、50mm、135mm的镜头等。

二、相机的性能指标

（1）光圈　光圈的作用在于决定镜头的进光量。表达光圈大小用*F*值来表示，*F*后面的数值越小，光圈越大，而进光量也就越多；反之，则越小。简单的说，在快门速度（曝光速度）不变的情况下，光圈*F*数值越小光圈就越大，进光量越多，画面比较亮；光圈*F*数值越大光圈就越小，画面比较暗。

（2）快门　快门是用来控制光线照射感光元件时间的装置，即决定进光时间长短。一般来说范围越大越好，秒数低适合拍运动中的物体，不过要拍夜晚的车水马龙，快门时间就要拉长，常见照片中丝绢般的水流效果也要用慢速快门才能拍出来。常见的快门速度有：1、1/2、1/4、1/8、1/15、1/30、1/60、1/125、1/250、1/500、1/1000、1/2000等。相邻两级的快门速度的曝光量相差一倍。

（3）CCD（CMOS）尺寸　指感光芯片的大小，一般是越大越好，比如2/3的比1/1.8的好，1/1.8的又比1/2.5的好。理论上在相同像素下，CCD尺寸越大产生的噪点越少。

（4）光学变焦　指光学镜头的物理变动焦距，比如70~200mm，38~76mm等。数码相机镜头的变焦倍数直接关系到数码相机对远处物体的抓取水平。数码相机变焦越大，对远处物体拍得越清楚。

（5）像素　像素是衡量数码相机的最重要指标。像素指的是数码相机的分辨率，它是由相机里的光电传感器上的光敏元件数目所决定的，一个光敏元件对应一个像素。

在使用数码相机拍照时，通常有几组数字供选择：比如1024×768，1600 ×1200，每一组数字中，前一数字表示在长度方向上所含的像素点数，后一数字表示在宽的方向上所含的像素点数，两者的乘积，就是像素数；如1600×1200≈2000000，就是200万（像素）。这200万就代表着数码相机的像素数。

（6）其他　影响相机使用的还有以下一些方面：电池种类以及电量的消耗；存储器种类、存储能力及压缩模式选择；拍摄延时及连拍功能；白平衡调整；图像的输出类型；闪光灯功能等都对相机的性能有所影响。

三、数码相机的维护保养

（1）机身清洁　数码相机在使用过程中，要注意防烟避尘，外界的灰尘、污物和油烟等污染可导致相机产生故障，甚至还会增加相机的调整开关与旋钮的惰性。清洁机身，可以使用橡皮吹球将表面的灰尘颗粒吹走，然后将50%的镜头清洁液滴到柔软的棉布上进行擦拭。使用橡皮吹球时，注意机身的细缝是清洁的重点，擦拭时也需要注意避免液体从细缝渗入相机内部。

（2）镜头的清洁维护　相机镜头是非常精密的部件，其表面做了防反射的涂层处理，一定不能直接用手去摸，因为会粘上油渍及指纹，这对涂层非常有害。

相机使用后，用吹气球吹掉镜头上的灰尘，或者是用软毛刷轻轻刷掉。如果吹不去也刷不掉，则使用专用的镜头布或者镜头纸轻轻擦拭，记住一个原则，那就是不到万不得已不要擦拭镜头。在擦拭之前，要确保表面无可见的灰尘颗粒，以避免灰尘颗粒磨花镜头。擦拭时轻轻地沿着同一个方向擦拭，不要来回反复擦，以避免磨伤镜头。如果仍不干净，则使用相机专用清洗液，使用清洗液时，应该将清洗液沾在镜头纸上擦拭镜头，不能将清洗液直接滴在镜头上。

平时注意盖上镜头盖和使用相机包，以减少清洗的次数。

（3）液晶屏的保护　液晶显示屏是数码相机的重要部件，要避免液晶显示屏被硬物刮伤，不要让液晶显示屏表面受重物挤压，特别注意避免高温对液晶显示屏的伤害。此外，液晶显示屏的背后有一个灯，如果液晶显示屏显示的影像变暗，或显示的影像上有斑点，或根本就不能显示影像，多半是灯泡老化所致，遇到这种情况，只要更换相应的灯泡即可。如液晶显示屏表面脏了，清洁的方法可以参考清洁镜头的方法，清洁完后，应该用干燥的棉布擦干。

（4）存储卡的维护和保养　保护存储卡的原则是，在数码相机已经关闭的情况下安装和取出存储卡。要注意的是，电源已经关闭，但有些相机的储存速度较慢，或是文档较大要花较长的时间，相机也许看起来已经处于停止状态，但事实上，储存动作仍在继续，这时取出储存卡，存到一半的档案可能会损坏，还可能造成储存卡的永久毁损。因此，建议关闭相机后等一会儿或注意相机的亮灯完全熄灭后再取出储存卡。

其次，平时不要随意格式化存储卡；在使用相机格式化存储卡时，注意相机是否有足够的电量；在使用电脑格式化存储卡时，注意选择准确的格式。

同时，还需要注意避免在高温、高湿度下使用和存放存储卡，不要将存储卡置于高温和直射阳光下。避免重压、弯曲、掉落、撞击等物理伤害，远离静电、磁场、液体和腐蚀性的物质。在拆卸存储卡时，避免触及存储卡的存储介质。如果长期使用后，存储卡插槽的接触点脏了，导致存储、读取信息的故障，可以使用压缩空气去吹。

（5）电池的使用和保养　镍氢电池有记忆效应，这种效应会降低电池的总容量和使用时间。随着时间的推移，存储电荷会越来越少，电池也就会消耗得越来越快。因此，应该将电力全部用完再充电。如果使用的是专用的锂电池或锂离子电池，记忆效应的问题就不需要考虑了。

在日常使用过程中，要注意保持电池绝缘皮的完整性，一旦发现有破损，应该用透明胶布粘牢。检查电池的电极是否出现氧化的情况，轻度氧化将其擦拭掉就可以，但如果是严重的氧化或脱落的情形，应该立即更换新的电池。同时，为了避免电量流失，需要保持电池两端的接触点和电池盖子内部的清洁，如有需要，可以使用柔软、清洁的干布轻轻地擦拭电池。用小的橡皮擦伸到电池匣里清洁金属触点，绝不能使用清洁剂等具有溶解性的清洁剂。

另外，长时间不使用数码相机时，必须将电池从数码相机中或是充电器内取出，并将其完全放电，然后存放在干燥、阴凉的环境中，而且不要将电池与一般的金属物品存放在一起。

（6）温度对相机的影响　数码相机不适于在寒冷环境和高温环境下进行拍摄。持续的高温会影响黏合光学透镜的黏合剂，也会影响照相机内的其他部件。而在寒冷的环境下，相机也容易出现润滑剂凝固、机件运转失灵、电池效率降低等问题。因此，应该使数码相机远离热源和冷源，如暖气片以及其他发热或者制冷设备。

另外，如果不可避免地要身处阳光下，可以用一块有色但不是深颜色的毛巾或带有锡箔之类能够阻挡阳光的工具来避光，最好将相机包在浅色的、不掉毛的柔软毛巾内，这样既通风又防晒，还能在一定程度上防震。如果要在寒冷的环境下使用数码相机拍摄，在低温下可能需要更多的电量来启动，同时在寒冷的环境下，电池的效率也较低，需要携带额外的电池，同时注意保持电池的温度。

此外，温度骤然变化对数码相机是非常有害的，特别是将相机从低温处带到高温处时，除了可能由于温度的变化产生结露现象引起潮湿甚至发生电路短路问题以外，而且还会使相机出现一些压缩现象，肉眼不易看出但相机内部已经受到伤害。如果数码相机刚从温差很大的地点拿过来，比如在冬天从寒冷的室外拿到温暖的室内，或者在夏天从炎热的室外拿到有空调的室内，应该放置一会儿，等数码相机略微适应温差后再开机，否则有可能出现开机故障。

（7）数码相机的防水防潮　潮湿的环境会使照相机镜头等光学部件和照相机其他部位滋生霉菌或产生锈斑，对电气设备有较大影响，可导致数码相机的电器件发生失灵等严重问题。

在阴雨天或在湿热环境中使用数码相机后，应及时用干净细软的绒布揩去沾附在相机表面的水滴或水汽，再用橡皮吹球将各部位的细缝吹一次，将照相机放在干燥通风、且无阳光直射的地方，待干燥后测试相机有没有故障，再放入密封的容器内储存。

储存容器内可放置一些干燥剂，或者选购简易型的密封防潮箱。一般来说，最适合相机存放的湿度为40%～50%。

（8）数码相机的长期保存　数码相机准备长时间不使用时，还应该把相机与皮套分开，避免皮套发霉影响相机。相机已上紧的快门、自拍机等部件，应予以释放，不使这些机构长时间处于疲劳状态。镜头光圈宜设定在最大档位，调焦距离应设定在无限远。若是双焦距镜头或变焦距镜头的照相机，还应把伸出的镜头退缩回原来的位置，再放置到能够保持干燥的存储容器中。

第四节　打样输出设备

在印前阶段，印前工作人员将图文处理完成后，要经过多次的打印，以便直观地校稿，进行修改。打样是印前的一个重要环节，打样的样张，用于检查原稿的阶调、色彩的再现性、版面尺寸、图像、文字等的编排、折手、规矩线等是否正确。打样的样张要客户签字确认后，就可以直接量产了。

用于设计样稿输出的常用设备有激光打印机以及喷墨打印机。

一、激光打印机

1. 工作原理

硒鼓表面先由充电极充电，使其获得一定电位，之后经载有图文影像信息的激光束的曝光，便在硒鼓的表面形成静电潜像，经过磁刷显影器显影，潜像即转变成可见的墨粉像，在经过转印区时，在转印电极的电场作用下，墨粉便转印到普通纸上，最后经预热板及高温热滚定影，即在纸上熔凝出文字及图像。在打印图文信息后，清洁辊把未转印走的墨粉清除，消电灯把鼓上残余电荷清除，再经清洁纸系统作彻底的清洁，即可进入新的一轮工作周期。

2. 激光打印机维护的注意事项

（1）掌握激光打印机的最佳维护时间，可以收到最好的维护效果。可视情况每隔2～4个月或每打印完4000页时进行一次维护，也可在每次更换硒鼓时进行维护。另外，打印质量出现问题时也应进行维护。

（2）在清洁维护激光打印机之前，应关闭打印机电源，切断与计算机的连接电缆，等打印机内部的热辊冷却后方可进行。

（3）最好利用专用的清洁维护工具。比如清洁纸，它具有很强的吸附作用，能粘走滚轮和纸道上的粉尘。无绒软布可以用来抹净外壳、鼓粉壳用，镜头刷维护硒鼓时用。另外像粉尘吸附器，通过它也能够清理掉内部粉尘。

（4）对于打印机机械运动部件的油垢可用汽油擦除，但不能让汽油触及塑料部件，以防老化。用汽油擦拭后，还应涂一层硅油，以保证机械部件润滑良好。但时间长了，润滑效果会下降，因此应适当补充硅油。

（5）激光打印机的感光鼓、定影鼓在一般情况下不宜经常清洁。在更换碳粉盒或清除夹纸的过程中，不要用手触及感光鼓的表面，对其表面灰尘只能轻轻扫除，如不小心印上手印或油污，应用高级镜头纸蘸无水酒精顺着一个方向擦除。

（6）每次更换粉盒后，应使用酒精棉签清洁电晕网。更要经常做的是使用柔软的纱布清洁内壁沾染上的碳粉颗粒。内部所有能看得见、够得着的部位都要清洁到。这些清洁工作能减少打印时的黑斑或条纹。在打印机的转印辊附近，也可能积累一些碳粉，影响成像质量。可用激光打印机自带的软毛刷，对黑色的转印辊进行清洁。对于静电消除器、送纸导引以及分离爪的清理，仍然可以用软毛刷进行清洁。

（7）在清洁定影热辊时，要关掉电源，让机器冷却后再进行，用脱脂棉沾些干净的水将其上面的脏物清除掉即可，不要用一些有机溶剂，以免损坏镀膜。还要注意不能用利器来刮热辊的表面，尤其是在卡纸时，要注意小心地将卡住的纸拿出，用机器的运转将卡住的纸带出，或者是打开机盖，然后用手转动齿轮，让纸走出，尽量不要用手硬拔，更不能用螺丝刀、镊子等利物去捅，以免损伤镀膜。

（8）如果废粉堆积太多，就会出现“漏粉”现象，所以在更换墨粉时要把废粉收集仓中的废粉清理干净。如不及时清理最终还会损伤硒鼓表面。

二、喷墨打印机

1. 工作原理

喷墨打印机在打印图像时，需要进行一系列的程序。当打印机喷头快速扫过打印纸时，它上面的喷嘴会喷出小墨滴，从而组成图像中的像素。打印机头上，一般都有独立喷嘴喷出各种不同颜色的墨水。喷嘴越多，打印速度越快。不同颜色的墨滴落于同一点上，形成不同的复色。

2. 维护保养

（1）操作注意事项　喷墨打印机在工作时候必须放置在水平面的地方使用；不要在打印机上面放置各种杂物；开关插拔要有序，当打印机不使用或在搬移之前，首先要关掉打印机电源，再拔电源线，这样喷嘴会复位和墨水盒盖上，能有效防止墨水挥发的同时，在搬动时也不容易损坏喷嘴；尽量不要每天都关闭打印机电源。在打印机使用频率较低时，最好每天都打印一下喷头图案，避免喷嘴堵塞；对于打印机的喷嘴，要通过打印机配有的软件来完成打印头清洗。

（2）规范使用墨盒　墨盒拆卸与安装的力度适当就好，不能大力推动支架；墨盒开封后尽量在保质期内用完；在选择墨水的时候要尽量选用同一牌子，不要频繁更换，以免对墨盒和打印头造成伤害。

（3）定期清洁　打印机无论是外部还是内部都需要定期进行清洁。打印机外部可以用软布蘸适当湿水来清洁，如果使用清洁液，则要选用中性物质，切忌用酒精。而内部只能用干布来清洁，不能接触内部的电子元件、机械装置等。

第五节　计算机直接制版设备

计算机直接制版的英文缩写是CTP，即Computer to Plate。CTP是通过激光曝光，直接在印版上记录点阵位图信息的设备，是一种数字化的印版制作过程。

一、CTP 制版机分类

CTP制版机按照设备成像结构一般分成内鼓式、外鼓式、平板式三种类型。

内鼓式CTP是将成像材料安装在滚筒的内侧进行曝光，工作时滚筒与印版不动，激光头沿着滚筒的轴线水平移动，激光通过激光头上的转镜反射出来，照射到印版上进行曝光成像。

外鼓式CTP工作时，单束或多束激光束垂直于圆柱滚筒的轴线，通过成像系统的光学部件聚集到印版表面，沿成像鼓周向以逐行扫描的方式产生记录点。成像鼓旋转时带动印版一起高速旋转，而发出激光束的成像头则沿成像鼓的轴线作连续的平行移动。

平台式CTP的版材装在工作台上，激光通过高速旋转的转镜照射到版材上，工作台做垂直于扫描方向的运动。转镜旋转一周，完成一次扫描。

二、CTP 制版机成像原理

CTP按照成像原理分为热敏CTP、紫激光CTP、UV-CTP和喷墨CTP四种类型。

（1）热敏CTP　使用830 nm的红外激光作为光源，使用热敏版材。成像材料被激光照射后，吸收光子的能量将其转化为热能，使感光层发生化学变化从而形成影像。红外激光成像的最大特点是能量必须达到一定的阈值，达到阈值曝光成像，否则不曝光，成像非常精确，可以在明室环境中操作。

（2）紫激光CTP　紫激光CTP采用紫激光成像版材成像，通过波长在390～410 nm的激光发生器发出激光，板材表面光敏层吸收激光能量，发生化学变化形成影像。可以在黄色安全灯下操作。

（3）UV-CTP　是指使用UV光源在传统PS版上进行计算机直接制版的设备。工作时，紫外光源发出的光线通过多个反射镜和物镜聚焦达到器件数字微镜，不需要记录的点对应的微镜偏向某一侧，需要记录的点所对应的微镜偏向另一侧，进入聚物镜，并将记录矩阵光线成像在PS版上。

（4）喷墨CTP　喷墨CTP是利用大幅面的喷墨打印机，在处理过的PS版上进行喷墨成像的一种制版技术，其可以用PS版做版基，感光涂层可以是光分解型或光聚合型的，还可以直接在经粗糙化、阳极氧化所获得的多孔铝版上打印成像，油墨可以是水溶性油墨、热固油墨等。在普通PS版上进行打印，经晒版显影后可印刷；在经粗糙化、阳极氧化的铝版上打印后，仅需固化即可上机印刷，这是无湿处理型印版。

三、制版机的维护保养

（1）制版机设备需要水平固定放置，要求三相电源并有地线连接，CTP制版机表面不得放置其他与工作无关的物品。

（2）按照规范的流程开关机。使用UPS，避免意外断电。按照不同机型的保养要求进行定期的保养维护。

（3）保持环境的温、湿度恒定，并保持环境的整洁无尘。

（4）在进行保养设备操作时，应该根据厂家要求对设备进行定期维护。尤其在进行激光和光路的清洁维护时，要十分注意可以进行操作的部位和零件，在完成后进行安装时，仔细检查里面是否有多余的工具或其他物品，及时清除并谨慎安装。

（5）在使用过程中，要检查版材是否有损伤，有没有折边或者是凸起，这样可以减少放错版的概率以及保护激光扫描图像信息位置的正确性。

第六节　测量设备

在印前工作环节中，要对印刷质量进行控制，常用到各种测量设备，主要有密度仪、色度仪、光度计、印版测量仪等。

一、测色仪

在印前的打样环节以及印前设备在做色彩管理的流程中，要进行颜色的测量，主要有用到以下一些测色设备，在实际应用中很多设备可以同时测量密度和色度等参数。目前，常用的设备有爱色丽的500系列、Exact、eye-one等。

1. 测量原理

密度计比较样品表面能反射的光（或透射的光）的强度与入射的光强度，然后计算出密度值。密度计测的不是颜色，但是可以通过检测实地密度来监控油墨量的多少，来实现质量的控制。

色度计是利用红、绿、蓝三滤色片分解颜色样品的反射光，再经传感器接收转换为颜色色度值的测色仪器。为了模仿人眼的视觉感受，以便提供符合标准的测量值，必须采用标准光源照明被测量样本。传感器的光谱灵敏度需通过滤色片转换，以便与标准观察者的视觉灵敏度相吻合，在仪器标定正确的情况下，色度计读取的测量值易于换算成颜色的三刺激值。

分光光度计是利用光栅分解颜色样品的反射光，再经传感器接收反射光谱并转换为颜色色度值的测色仪器。它测量的是一个色样的全部可见反射光谱，通常是在反射光谱上每隔一定距离测量一个点，也有一些分光光度计能连续对光谱进行测量。其工作原理是，把颜色作为一种不受观察者支配的物理现象进行测量，为了获得颜色的三刺激值，它可以对反射光谱进行积分，并把颜色作为视觉响应加以解释，是一种最为灵活的颜色测量仪器。同时，由于分光光度计是对色样的全部反射光谱进行测量，因此测量结果具有更高的绝对精度。

2. 测量设备使用注意事项

（1）测量仪器在使用之前都要进行校准，在平时的使用过程中要保证校准白板或黑筒的清洁，使用中要尽量避免弄脏这些标准测量部位，不可使用任何种类的溶剂或清洁剂来清洁标准仪板。每年设备最好回厂进行一次校验。

（2）仪器尽量不要在震动、摇摆的场合使用，要放置在避免日光直射、高温、多尘、潮湿的地方保存和使用。

（3）在电量不足的情况下，测量误差比较大，测量时尽量保证电量在1/4电量以上。

（4）清洁仪器。使用蘸有水或异丙醇的干净清洁仪器清洁表面和触摸显示屏；每周清洁一次光学部件，利用干净干燥的空气除去光学元件上累积的碎屑。

二、印版测试仪

目前，印版测试仪使用较多的是爱色丽的iCPlate II，该测试仪利用内置的摄像机，通过其环形照度和三种不同的灯泡，既能测阳图版、阴图版，也能测调频或调幅网点，还能分析印版的网点百分比、网线数、网点形状、加网角度等，并显示在液晶屏上。iCPlate II可测得小至4μm大小的细网点。

iCPlate II在使用过程中同上面的测量设备一样，要注意环境的卫生以及仪器的清洁，除此之外，iCPlate II在长期不用时，要将电池取出。

第四章 制版材料基础知识

学习目标

1. 认识制版材料。
2. 掌握制版材料的分类、使用。
3. 能在对应岗位上正确使用制版材料并进行保管。

第一节　感光胶、感光膜片和胶片

一、感光胶

感光胶和感光膜都是当前普遍使用的感光材料。感光胶是用于直接法制版的丝印制版感光材料，一般分为单液型和双液型两种，单液型感光胶在生产时已将光敏剂混入乳胶中，使用时不需配制，双液型感光胶在使用前要先将光敏剂按配方放入水中溶解，然后混溶在乳胶中充分搅拌并放置于1～2h后，待气泡完全消失方可使用。

感光胶一般可分为耐溶剂型和耐水型两种。耐溶剂型感光胶可耐各种有机溶剂，适用于油性油墨的印刷；耐水型感光胶，适用于水性油墨（水溶性印刷涂料，如纺织品印花色浆）的印刷，前者网版可以脱膜回收；后者一般不能脱膜回收。专用耐水性感光胶有尼龙感光胶和重氮感光胶等。

感光胶的存放环境：感光胶宜在18～25℃的范围储存使用。若夏季温度过高，最好在有空调的环境下保存。敏化后的感光胶最好放置在10～15℃的冰箱内保存，以保证感光胶的质量和使用效果，禁忌在5℃以下保存。光敏剂可在0～5℃冰箱内保存。

二、感光膜片

感光膜，也称菲林膜、菲林纸，是以塑料透明薄膜为片基，在其上涂布一定厚度的感光乳剂而制成的。感光膜片主要用于间接法和直接法制版，其产品颜色一般有红、蓝、绿三种。感光膜通常以其所涂布的感光胶厚度分为1～4号四种规格。国产感光膜从外观上分为粉红与蓝色半透明薄膜两种，其性能相同，只是粉红色所需曝光时间稍长一些而已。

三、胶片

胶片是印刷的专业术语，菲林是指“film”胶片的音译，印刷用的胶片是将图文通过激光照排机等输出设备输出在聚酯胶片上，把图像成像在底片上。胶片是把不同的颜色印在不同的胶片上，一般为C、M、Y、K四色，也有输出专色的。所以彩色印刷品图文产品大都有四张或四张以上的胶片才能进行印刷。

计算机处理的图文信息转移至胶片上，胶片经显影、定影、水洗，即可作为PS版制作用的原版。显影是把潜影变成可见影像的过程（安全光环境），其实质是把已曝光的银颗粒潜影，用显影剂还原成银、变成可见黑色影像的过程。定影过程就是在显影后将感光片上未曝光部分的卤化银溶解去，以保持影像的固定。定影后的胶片应立刻冲洗处理，最好用流水冲洗，以彻底除去感光层中的药液，防止胶片变黄，利于胶片保存。

1. 胶片的构成

胶片包括两个基本组成部分：一个是单层的或多层的感光乳剂层、一个是感光乳剂层的支持体——片基，如图4-1所示。

片基的作用是作为支持体。药膜必须附在片基之上，使它能够固定在一个平面上，现在常用的胶片的片基是透明的。

图4-1　胶片的结构

感光层是在胶片表层（片基）上的感光化学物质，它们由一些感光的晶体微粒组成，胶片药膜内的粒子要在显微镜下才能看到，药膜的特性是在曝光后会改变其结构来再现图像。药膜附在片基的其中一面，所以胶片的一面有药膜，另一面则没有药膜。看胶片上的影像，必须看没有药膜的一面，晒版或看胶片时，有药膜的一边也须向下。

2. 胶片的分类

胶片包括阳图底片和阴图底片。

阳图底片指底片上的图像和原稿相同，即原稿上空白部分反映在底片上是完全透明的，原稿的黑色（或其他颜色）线条或文字，反映在底片上仍然是黑色的，原稿上颜色较深的部分反映在底片上是成数较高的网点。

阴图底片和阳图底片正相反，底片上的图像和原稿相反，即原稿上的空白部分反映在底片上是完全黑色的，原稿上的黑色（或其他颜色）线条或文字，反映在底片上是完全透明的，原稿上较深色的部分反映在底片上是成数较低的网点。阴图底片和阳图底片可以通过拷贝互相转换。

3. 胶片的特性

不同类型的胶片大概可以分为四种主要特性：

（1）感色性（Color Sensitivity） 指黑白胶片对色究竟能感觉到何种程度。接近人的视感度的胶片是正全色片，容易感觉发红的是增全色片，不感红色的色盲片是黑白用的正片（全色、正色、感蓝）和制版用的硬调片。

（2）感光度（Film Speed） 胶片对光的灵敏度称为感光度或胶片速度。

（3）颗粒度 胶片在曝光后，胶片药膜内的粒子会起变化和结成块状。它们结团形成的样子称作颗粒度。颗粒度越大越粗糙，“解像度”便会较低，越缺乏细节。

（4）反差（Contrast） 反差是指胶片的明暗对比特性的现象，它涉及在胶片上重现的黑、灰（中间色调）及白的色调之倾向的关系。

4. 胶片的保管

菲林房是储存胶片（菲林）的资料仓库，菲林房要保持稳定的温度和湿度，防止胶片变坏、老化。一般建议存储温度为（23±2）℃，相对湿度为40%~60%，单独进行保存。

第二节　印版的分类、使用和保管

胶印所用印版目前主要是PS版和CTP版。

一、PS 版

1. PS版的定义及结构

PS版是预涂感光胶（Pre-Sensitized Plate）的缩写。它是以高纯度铝板基材作为支持体，铝板经过电解粗化、阳极氧化、封孔等多种工艺进行表面粗化处理后，再在板面上涂布感光层，制成预涂感光版。这些工艺处理的目的都是为了赋予PS版感光特性和印刷适性。

PS版的生产过程为：铝板除污处理→电解、机械研磨以及阳极氧化等毛化处理→配制感光胶→涂布机涂布感光胶→干燥→裁切→包装→不同规格PS版。

PS版按推荐储存条件储存，从生产之日起阳图PS版保质期18个月、阴图PS版保质期12个月。

PS版是一种具有多层结构的感光胶印版材，如图4-2所示。主要包括以下结构：

（1）铝版支持体（Support Material）　使用适合PS版工艺要求、尺寸稳定、高强度、高纯度（≥99.5%）的铝版。PS版的版基可以是0.15mm、0.3mm、0.5mm等厚度的铝板。

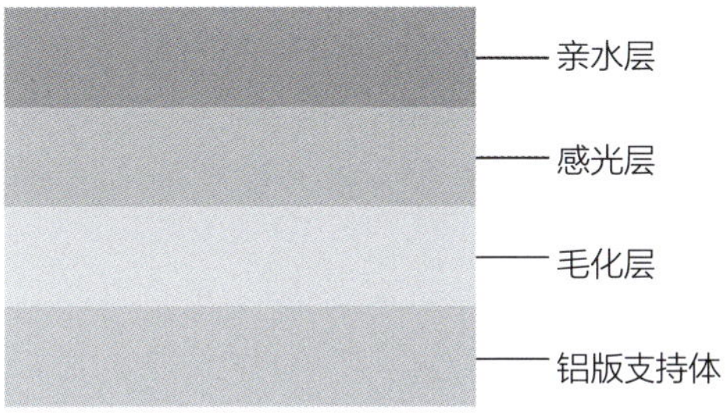

图4-2　PS版的结构

（2）毛化层（Grains Layer）　将铝版

基用多种工艺，如连续全电解、阳极氧化等工艺形成精细的多层复合砂目，粗细均匀。氧化层硬度高，具有良好的储水和耐磨性能，可提高与晒版胶片的密着性，缩短抽真空时间，减少光晕现象发生。铝版基表面经过阳极氧化处理后表面形成一层坚硬耐磨的氧化膜，从而提高PS版铝合金版基的机械强度，硬度增高，使耐印力、化学稳定性、耐磨性增强。有效抵抗修正液的侵蚀。PS版封孔的目的是将阳极氧化膜的微孔堵死，防止印版污染粘脏。

毛化层一方面可提高版材表面非图像区域的亲水性，提高水墨平衡的宽容度，保证网点的还原，强化对感光层的吸附，增加耐印力；另一方面可使PS版具有理想的网点再现条件和良好的亲水性，使印版与润版液的接触面达到最大。

（3）感光涂层（Photosensitive Coating） 采用独特的挤压铺流等涂布工艺，在经过毛化的铝板上涂布一层感光材料，涂层平整，厚度均匀，适用于高、精、细产品印刷。相对于不同制版工艺及各版材生产厂家生产工艺的不同，感光层具有各种不同的特性。感光层经过曝光能发生化学反应，再现胶片的图文信息。

感光涂层主要包括树脂和感光剂等成分，它具有高耐碱性、耐醇性、高分辨率、高稳定性、高感度及显影宽容度大等特点。

（4）亲水层 PS版印刷过程中要达到水墨平衡，才能使印刷品质量稳定。亲水层可防止感光涂层残留在阳极氧化层的微孔中。提高版材亲水性能，防止印刷过程中上脏。

2. PS版成像机理

根据不同制版工艺中使用的晒版原版（也称晒版底片或胶片）类型不同，PS版可以分为阳图型PS版和阴图型PS版。

阳图型PS版属于光分解型印版，即以光分解型重氮化合物作为感光材料，经过紫外线的照射之后受光分解，用稀碱溶液显影时依次与水分子和碱发生反应，生成能溶于水的物质而被水冲去，露出版基上亲水的氧化铝膜，作为印版非图文部分；而图文部分因有阳图片上的图文挡光，感光剂不会分解也就不能和稀碱溶液反应而溶于水，留在PS版上未感光的重氮化合物感光剂具有良好的亲水性，成为印版的图文部分基础。晒制阳图型PS版需要用阳图底片，晒制阴图型PS版需要用阴图底片，并将PS版上阴图底片以外的位置用黑纸遮住。在PS版显影过程中，受光部分的感光材料则会溶解于呈碱性的显影液中形成印版的空白部分（见光分解的非图文部分要有效地去除），而未受光的PS版图文部分不受影响，从而使胶片图文部分变成版材上图文部分。阳图型PS版也是目前市场上用得最多的印版。阴图型PS版是用阴图底片晒制。

阳图型PS版优于阴图型PS版的地方在于：以阳图底片作原版比用阴图底片作原版直观，晒版前容易检查底片的正误，容易用手工拼版，晒版时不需要用遮光纸挡住底片的四周，工艺操作方便。

3. PS版的特点

PS版稳定性好，不受温、湿度的变化影响，一般在任何温湿条件下，网点均能晒得出来。保存期长，使用方便。晒版工艺简单，只要控制好PS版的曝光时间、显影液浓度配方、显影液温度等各种参数，很容易将胶片、硫酸纸上的图文转移到PS版版面上，有利于做到数据化控制。

PS版除了感光层要有良好的亲油性和版基有良好的亲水性外，还具备以下特点：厚薄均匀，尺寸稳定，不易变形，表面没有脏污，并有牢固的感光层，这可使PS版有较好的耐磨性和耐印力。PS版的网点再现性好，分辨率高，网点再现饱满，阶调层次丰富，水墨平衡易掌握，耐印力高等特点，在印刷行业得到了迅速普及。

4. PS版的保管

PS版是感光材料，光和热能使PS版起化学反应，保管和贮存时需要注意避开光和热。若储存在阳光直晒区、高湿区（比如水池附近）、高热区（比如晒版机、烤版机附近），将缩短PS版保证期并降低PS版质量。PS版储存地点，应注意选择干冷和避光环境，推荐储存条件为10～30 ℃，相对湿度不大于65%。PS版堆积高度应合适，推荐堆积高度不高于1.2m；放置的地方应平整，不得有明显突出物，否则，容易造成PS版损坏。

二、CTP 版

随着数字化技术程度的提高，现在印版也以CTP版材为主流版材了。与传统印刷工艺相比，CTP制版工艺之所以迅速推广，有以下几点原因：

（1）交货期大大缩短　工艺步骤减少很多，时间不再成问题，各种短版快印件应付自如。

（2）稳定一致的高质量　生产环节减少，质量易于控制，网点精确锐利，印刷密度高，精品印刷轻松完成。

（3）印刷机的效率充分发挥　印版自动套准调整少，上墨快，很容易达到水墨平衡，印刷准备时间大大减少，节省了过版纸、油墨，减少了浪费，印刷机使用效率大大提高。

（4）劳动力的节省　在胶片显影、手工拼版、晒版、修版、油墨打样方面均能节省劳动力。

（5）消耗材料的节省　省去了胶片、显影液、油墨打样用的PS版，工艺简化，出错机会减少，避免重做浪费。当然，CTP目前还存在很多不足之处，如CTP系统费用较高，且版材目前大部分需引进，成本较高，中、小型印刷公司不能接受。计算机直接制版系统的数字化工艺流程还不太成熟，特别是数字打样还不能完全模拟印刷。基于传统工艺的众多不足和CTP直接制版的优势，采用计算机直接制版技术势在必需。

CTP版材的种类如果按版基划分，可分为金属版材和聚酯版材。

金属版材主要指铝版材，在美国铝版材市场的占有率大约占总市场的90%以上。主要优点是耐印力高，适用范围广，具有更好的图文质量，特别适合于长版印刷。随着数字技术的迅速发展，按需印刷、短版活越来越多，使用聚酯版可使印刷厂更能满足客户的需求。

CTP版材如果从技术方面按涂层划分，最通用的版材有两种：光敏树脂版和热敏版，此外还有银盐版和喷墨版。

1. 银盐版

银盐版具有高感光度、高分辨率、高耐印力，必须在安全灯下操作，而且工艺过程中银盐的排除物必须妥善处理。

主要有银盐与PS版复合型版材、向上扩散型版材和向下扩散型版材三种类型。

银盐与PS版复合型版材主要利用银盐乳剂层的高感光度和宽感色范围完成版材的

激光直接扫描成像，利用PS版的优良印刷适性完成印刷工艺的要求，是一种充分利用已经成熟的银盐感光材料和PS版材技术构筑直接版材的巧妙结合，在直接版材出现的初期曾引起轰动。印刷适性和耐印力与传统的PS版完全相同。但是，这种版材结构复杂，而且需要多次曝光和显影（定影）等后处理，工艺烦琐。这也是这种版材难以实现大规模产业化应用的主要原因。

向上扩散型直接版材由版基、银盐乳剂层和物理显影核层构成。激光扫描成像后，进行扩散显影。没有曝光区域的银离子向上扩散，在表面物理显影核的作用下还原成金属银，成为亲油表面；曝光区域的表层仍然为乳剂层，具有良好的亲水性。这种版材的版基既可以是金属材料，如铝，也可以是柔性的高分子片基，如聚酯片基，在多数情况下为柔性的高分子片基，如Mitsubishi Paper Mills公司推出的Silver DigiPlate。这种版材的耐印力一般在1万～2万印，感光范围基本上覆盖紫外到近红外的所有光谱范围，而且可以在图像照排机上曝光成像，无须购置专用的印版照排机，具有非常广泛的适应性。

向下扩散型银盐版材由具有良好亲水表面的铝版基、物理显影核层和银盐乳剂层构成。激光扫描成像后，进行扩散显影。曝光区域的银离子向下扩散，在底层物理显影核的作用下还原成金属银，成为最后的亲油表面；然后将乳剂层去掉，曝光区域的亲水版基表面裸露出来成为亲水层。这种版材具有非常高的感光度和感色范围，耐印力也非常高，适合于高档商业印刷。

此外还有类似于普通版材的感光树脂版材，必须在水性化学成分里处理，但是与银盐版相比，感光树脂版的感光度、分辨率和耐印力就显得很低了。利用新型高感光度树脂乳剂，可以保证产品的一致性和图文的稳固性。这也是选择版材时最重要的考虑因素。

目前生产的CTP 版材主要有：爱克发-杜邦公司的铝基Silverlith及Lithostar CTP版，三菱化学公司的聚酯片基CTP版，三菱纸公司的聚酯片基以及纸基的SDP与Silver Master CTP版等，都可以与相应的多种机型配套，制出高质量的版材及彩色印刷品。

2. 热敏版

热敏版材可日光下操作，分辨力高，成像准确，有简化工艺的潜力，版材、打样可以在同一器械上成像。热敏式印版是利用热成像技术，因此可以在黄光或滤除紫外线的日光下处理。热敏CTP系统的制版质量最好，无论是热敏的阴图版和阳图版都能提供出图像的层次还原和印刷性能，可以还原200lpi、1%～99%的网点，可用于明室操作。

从总体来看，红外热敏版材大致可以分为两大类型，即热烧蚀型直接版材和非热烧蚀型直接版材，非热烧蚀又分为热交联、热转移和热致相变三种。

关于热烧蚀版材，这里以Press Tek 公司的热烧蚀型无水胶印版材为例说明。这种版材由斥油的硅胶表面层、光热转换层（吸光层）、亲油底层和版基构成。硅胶表面层将构成最终的非印刷表面，在热的作用下会随光热转换层的汽化作用而被去掉，从而使下面的亲油层裸露出来成为接受油墨的印刷表面。光热转换层的主要作用是吸收扫描激光发出的光能，并有效地将吸收的光能转换成热能，使版面的温度升高达到汽化温度水平。这种版材的版基既可以是金属底基（如铝版基），也可以是柔性的高分子片基（如聚酯片基），具有比较宽的适应性。这种版材因为激光扫描成像后即可进行印刷，因此特别适合于在机直接制版系统。

热交联版材由热敏涂层和亲水版基构成。热敏涂层一般由（碱）水溶性成膜树脂（如酚醛树脂）、热敏交联剂和红外染料构成；亲水版基可以使用与传统PS版完全一样的铝版基。红外染料的作用是有效地吸收红外激光的光能，并将吸收的光能转换成热能，使热敏涂层的温度能够达到热敏交联剂的反应温度；热敏交联剂的作用是在温度的作用下与成膜树脂反应形成空间网状结构，从而使热敏涂层失去水溶性。由于空间交联的作用，曝光区域的热敏涂层在显影处理后仍然留在版面成为亲油的印刷表面，而没有曝光的区域被去掉使下面的亲水版基裸露出来成为亲水的非印刷表面。有些版材为了进一步提高热交联的效果，往往在曝光后还要对版材进行加热处理，从而进一步加深热交联效果（也是一种提高感光度的增幅机制），这类版材称为需要预热的热交联版材。热交联版材的图文区域由空间交联的高分子树脂构成，因此这类版材通常具有非常高的机械强度和耐印力，一般都可以印刷数十万份，适合长版印刷市场。

热转移版材和热致相变化版材都属于成像后不再需要化学后处理就可以印刷的无后处理直接版材，而且在激光扫描成像过程中也不会产生烧蚀碎片和汽雾等废弃物，因此，这种类型的版材既适合于脱机直接制版，也适合于在机直接制版。热转移直接版材由色带和受像基材构成。受像基材本身具有良好的亲水性（如传统PS版的铝版基），主要作用是接受由色带转移的热蜡层和构筑亲水的非印刷表面。色带由耐热的高分子片基和热敏层（热蜡层）构成，热蜡层由低熔点的高分子材料和红外染料构成。成像时色带与受像基材处于紧密接触状态，激光光能被染料吸收后转换成为热能，使热敏层温度升高，导致热蜡层的高分子融化，从而使“液态”的热蜡层转移到受像基材上，形成印刷的图文表面。为了提高图像区域的机械强度，往往需要在更高的温度下对转移在受像基材表面的热蜡层进行固化处理，原来是使热蜡层交联形成空间网状结构。尽管这种版材不需要显影后处理，但是，分离的色带与受像基材会给使用和控制带来不便，增加可变因素。相比之下，热致相变化的直接版材更具优势。这种版材由热敏涂层和支撑底基构成。热敏涂层具有足够的亲水性，成为非印刷表面，但在热能的作用下能够转变成亲油性，成为印刷的图文表面。这种版材的底基仅仅是热敏涂层的支撑体，不参与最终的印刷，因此没有亲和性要求，根据不同的使用目的既可以是高分子片基，也可以是金属版基。

热敏版材主要有柯达保丽光的830nm热敏版、爱克发公司的Galileo VLF-Thermalstar P970热敏版、富士公司LH-NI、LH-PI热敏版、日本三菱化学公司的LT-1（830nm）和LT-G（1064nm）热敏版等。

3. 光聚合版

光敏树脂版利用光来成像，因此要求在暗室条件下进行处理。它最适合中长版的彩色商业印刷，输出线数为175lpi，制版速度快，上机印刷的稳定性好，因此可以弥补它要求在暗室上版所带来的不便。

这类版材通常由铝版基、感光层和表面层构成的。光聚合层主要由聚合单体（+低聚物）、引发剂、光谱增感剂和成膜树脂构成。引发剂一般采用量子效率高的多元引发剂体系，光谱增感剂的作用是有效地将引发剂的感光范围延伸到激光的发光波长区域，目前已经可以延伸到488nm（亚离子激光）和532nm（倍频的YAG激光）。表面层的作用主要是将大气中的氧气分子隔开，避免其进入感光层，以提高感光层的链增长效率，从而获得高感光度。由于采取了这些有效的措施，光聚合型直接版材的感光度得到大幅度提高，最低成像曝光量已经下降到10μJ/c㎡左右，仅次于银盐类型直接版材，而且这种版材结构简单，分辨力、耐印力以及后处理与常规的PS版相似甚至更优秀。由于多数高效引发剂体系的固有感光范围都在紫外区域，而且将感光范围延伸到UV-LD激光的发光波长范围也非常容易。

4. 喷墨版

喷墨版主要有两种基本类型，一种是在传统的PS版的感光层上涂布一层能够接受油墨的受像层，另一种就是一种具有优良亲水和保水性能的基材（如传统PS版的铝版基）。喷墨直接版材利用计算机控制喷头的往复机械运动实现扫描，将油墨直接喷射到PS版感光层表面的受像层或亲水基材上形成油墨影像。对第一种印版，还要对喷墨后的印版进行全面紫外曝光，使没有喷到油墨影像的PS版感光层曝光，然后经过PS版显影处理即可去掉这部分PS版的感光层，使下面的亲水版基裸露出来成为非印刷表面，即受像层表面的喷墨影像仅仅作为紫外曝光时的“蒙版”影像，保护下面的PS版感光层不受紫外光的照射。这种版材可以采用常规的水基喷墨技术，受像层一般应该具备适当的亲水性并能够在碱水中溶解，以满足接受油墨和PS版显影时能够被去掉的要求。对第二种版材，喷墨形成的油墨影像就是最终的亲油印刷区域，因此要求采用特殊油墨的喷墨成像技术。固体喷墨（Solid Inkjet）也叫相变化喷墨（Phase Change Inkjet），是比较好的选择。这种喷墨技术采用不含任何溶剂的高分子固体油墨，依靠温度差异实现喷射成像，因此，喷射到亲水基材上的油墨具有足够的机械强度，成为印刷的图文表面。喷墨直接版材的优点是可以使用现在成熟的喷墨技术和传统的PS版材，缺点是分辨率不高（主要受喷墨技术的限制，一般在1500dpi以下），速度比较低（受喷头往复运动的限制），适合于分辨力要求不高的印刷领域。

在选择印版时，用户可根据实际所用CTP设备要求及不同CTP版材的优缺点进行相应选择。另外，在选择CTP设备时，也要考虑到设备对版材的实际要求进行相应选择。

CTP版保存温度要求低于30℃，湿度为30%～70%；最佳保存温度为23℃，湿度为50%。版材的保质期通常为12个月。

第三节　制版药液的使用和保管

使用电导仪对印版输出时所使用化学药水的电导率进行监控，以确保印版输出时，网点变化率在允许的范围之内，同时提高效率，减少不必要的浪费。印版输出人员负责每周对冲版机的药水做一次测量及监控，以控制药水的电导率在规定的范围之内。CTP制版机电导率的标准值在4.1～4.5S/m，药水温度为（28±0.5）℃。PS版的电导率标准值为4.5～5.5S/m，药水温度为（25±5）℃。如果在测量过程中发现药水的电导率已超出规定的范围，则需立刻补充药水（电导率过高）或稀释药水（电导率过低），然后使用电导仪再测量一下药水的电导率，直到药水的电导率符合要求。

第四节　制版辅助材料的分类

一、晒版测控条

晒版测控条是用来给PS版和胶片提供适当的曝光条件作为参考使用的，并可用于检测显影液的灵敏度，以达到维护的目的。

日本FUJI晒版测控条 Fuji SteP Guide P共有15阶，每一阶的密度间隔是0.15，其密度范围达到2.15。

瑞士UGRA晒版测控条，如图4-3所示。UGRA晒版控制条是德国印刷与复制技术研究院开发出的印版显影与曝光控制条，Ugra plate control wedge（PCW）1982晒版控制条功能分五个功能段，各有其不同的功能。

图4-3　UGRA晒版测控条

第一段：用来控制印版的显影，也可以检查印版的曝光。

第二段：μm线圈用来控制曝光时间。

第三段：网点段，分10%～100%实地10块。用来检查曝光显影，也用来作为印刷特性曲线测量的基准。

第四段：沿不同角度的精细网线，使印刷工可用目测检查印刷机有无网点变形和重影。

第五段：精细网点段分阳图0.5%～5%和阴图95%～99.5%，用来检查印刷过程有无网点缩小。

二、电导仪

电导率测量仪用于测量冲版机显影液的电导率及温度，使药水浓度的高低控制在最佳状态。电导仪EC探头测量显影液电导率时，把金属探测仪放入显影液中，最好是液体要淹过探测头圆孔，显影液的电导率和温度就会在仪器主机显示屏上显示，如图4-4、图4-5所示。

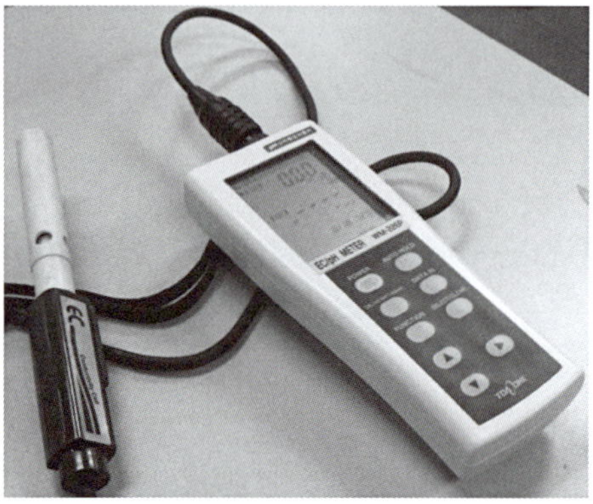

图4-4　电导仪

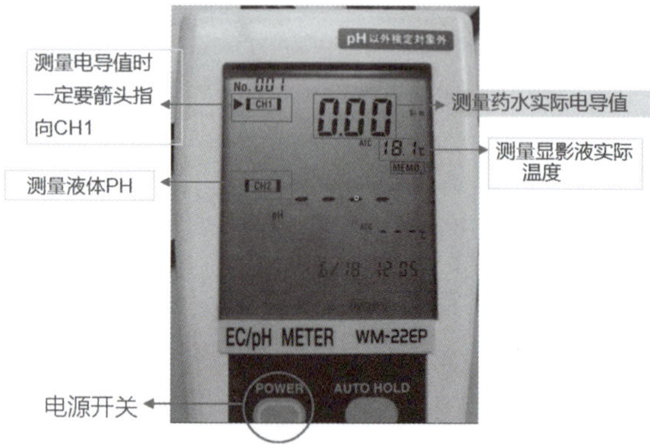

图4-5　电导仪显示界面

三、阿拉伯胶

印版的保护主要是涂布阿拉伯胶液来实现。阿拉伯胶是一种固体晶状物体，当它被泡在水中时，会吸水溶胀，最后成为一种黏状胶体溶液。把液状的胶体擦在印版上待水分蒸发后，胶液便由液体状态恢复到原来的固体状态吸附在版面上。其作用就在于胶液干燥后，覆盖于版面呈硬化胶膜，把印版与空气隔离开来，从而达到防止氧化起脏的目的。

阿拉伯胶含有阿拉伯酸（X—COOH），这种酸是很好的清除版面油腻的清洁剂，版面擦胶待干燥后其作用更大。版面擦阿拉伯胶后，其胶液与版面无机盐层接触后，形成一层更好的亲水膜，提高版面的亲水性。

四、印版检测仪

印版检测仪如图4-6所示，可以快速而精确地控制印版质量。通过内置的高精度摄像机，分析印版的网点百分比、网线数、网点形状、加网角度等，并显示在液晶屏上。只需按一下测量头，就可以开始测量，并且测量的结果可以立即在显示屏上看到。

图4-6　印版检测仪

第五章

安全生产与环境保护知识

学习目标

1. 掌握安全色的分类以及各色的作用，能辨别各个安全标志。
2. 熟悉电气设备安全操作方法，能安全使用电气设备。
3. 了解激光危害等级，能安全操作带有激光的设备。
4. 了解化学品的概念和分类。
5. 熟悉印刷企业废液的种类，并掌握处理方法。

第一节　安全生产和劳动保护知识

安全生产指企事业单位在劳动生产过程中的人身安全、设备和产品安全，以及交通运输安全等。安全生产关系人民群众的生命财产安全、关系社会稳定大局。我国的安全生产方针是：“安全第一，预防为主”。安全管理体制是“企业负责，行业管理，国家监察，群众监督”。

一、警示图符知识

为了保证劳动者的安全与健康，提醒劳动者注意安全，GB/T 2893.5—2020《图形符号　安全色和安全标志》标准于2020年10月1日起正式实施，并在工厂和其他劳动现场广泛采用安全色和安全标志。因此，劳动者应熟悉安全和安全标志，趋利避害。

安全色是表达安全信息含义的颜色，用来表示禁止、警告、指令、指示等。其作用在于使人们能够迅速发现或分辨安全标志，提醒人们注意，预防事故发生。安全色不包括灯光、荧光颜色和航空、航海、内河航运以及其他目的所使用的颜色。安全色规定为红、蓝、黄、绿四种颜色，在安全标志中，安全色需要和相应的对比色配合使用，以传达特定的意义。

（1）红色　红色容易引人注目，使人在心理上会产生兴奋感和刺激感。同时由于红色光波波长较长，不容易被微尘、雾粒散射，所以在较远的地方也容易辨认。也就是说，红色的注目性很高，视认性也很好，适用于表示危险、禁止、紧急停止的信号，如信号灯、紧急按钮。

（2）黄色　黄色是一种明亮的颜色。黄色和黑色相间组成的条纹是视认性最高的色彩，特别能引起人们的注目，所以适用于警告或注意的信号，如“当心触电”“注意安全”等。

（3）蓝色　蓝色虽然注目性和视认性都不太好，但和白色配合使用效果较好。特别是在阳光照射下，蓝色和白色衬托出的图像或标志，看起来明显，所以被选用为指令标志的颜色。如：指令标志、交通指示标识等。

（4）绿色　绿色虽然注目性和视认性都不高，但使人感到舒服、平静和有安全感。所以采用绿色作为表示通性、安全提示的颜色，如：交通岗和铁路、机器启动按钮，安全信号旗等。

（5）黑色　用于安全标志的文字、图形符号和警告标志的几何图形。

（6）白色　作为安全标志红、蓝、绿色的背景，也可用于安全标志的文字和图形符号。

（7）黄色与黑色间隔条纹　一般用来标志警告危险，如防护栏杆。

（8）红色与白色间隔条纹　一般用来标志禁止通过、禁止穿越等。

二、安全标志

安全标志是由安全色、几何图形和图形符号构成，用以表达“禁止”“警告”“指令”“提示”等特定的信息，引起人们对不安全因素的注意，预防发生事故。因此安全标志必须含义简明，醒目易辨，引人注目。安全标志分为禁止标志、警示标志、指令标志和提示标志四类。

（1）禁止标志　带斜杠的圆环，表示“禁止”或“不允许”，如图5-1。圆环和斜杠涂以红色，图形符号用黑色，背景用白色。说明文字设在几何图形的下面，文字用白色、背景用红色。禁止标志图形共40个。

（2）警告标志　三角形引人注目，故用作“警告标志”。含义是使人们注意可能发生的危险。三角的背景用黄色，正三角和图形符号均用黑色，如图5-2。黄色是有警告含义的颜色，在对比色黑色的衬托下，绘成的“警告标志”就更引人注目。警告标志共39个。

（3）指令标志　指令标志的含义是强制人们必须做出某种动作或采用防范措施。基本形式是圆形边框。图形符号为白色，衬底色为蓝色，如图5-3。指令标志图形共16个。

（4）提示标志　指令标志的含义是向人们提供某种信息的图形标志。其基本形式是方形，图形符号为白色，衬底色为绿色（图5-4）。提示标志根据长方形长短边的比例不同，分一般提示标志和消防设备标志。一般提示标志是指出安全通道或太平门的方向。如在有危险的生产车间，当发生事故时，要求操作人员迅速从安全通道撤离，就需要在安全通道的附近标上有指明安全通道方向的提示标志。消防设备提示标志是标明各种消防设备存放或设置的地方。当发生火灾时，使人们不会因为慌张而忘

图5-1　禁止标志

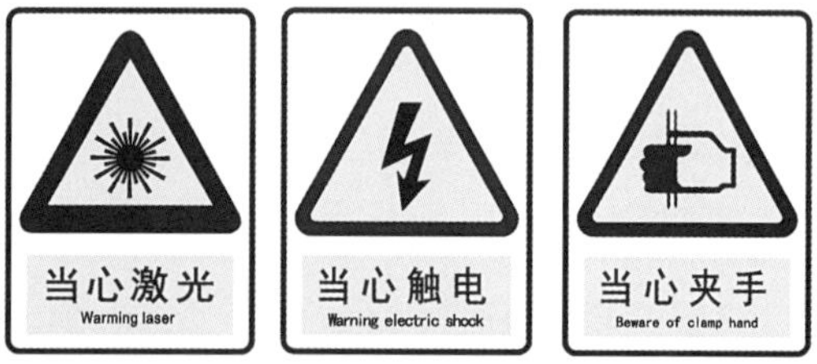

图5-2　警告标志

图5-3　指令标志

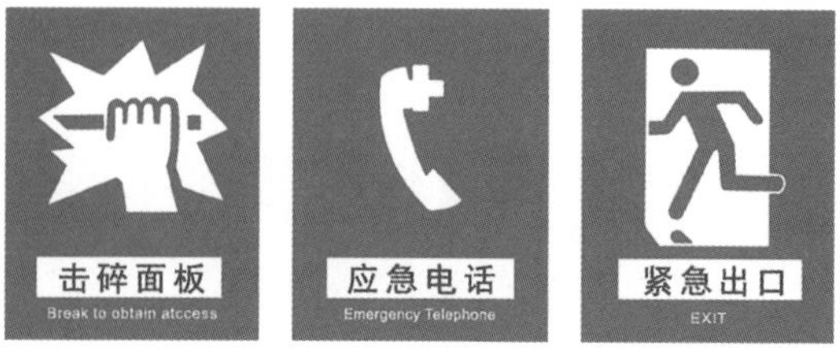

图5-4　提示标志

了消防设备存放或设置的地方。

（5）补充标志　除了上述四种不同几何图形所表达四种不同含义的安全标志外，还有一种补充标志。补充标志就是在每个安全标志的下方标有文字，可以和标志连在一起，也可以分开，补充说明安全标志的含义。补充标志的文字可以横写，也可以竖写。一般来说，挂牌的标志用横写，用杆竖立在特定地方的安全标志，文字竖写在标志的立杆上。

三、安全标志的设置和维护

（1）安全标志牌应设在醒目、与安全有关的地方，并使人们看到后有足够的时间来注意它所表示的内容。

（2）安全标志不宜设在门、窗、架等可移动的物体上，以免这些物体移动后看不见安全标志。

（3）安全标志牌每年至少检查一次，如发现有变形、破损或图形符号脱落以及变色不符合安全色的范围，应及时修整或更换。

四、电气设备安全使用知识

电气安全是指电气设备在正常运行时以及在预期的非正常状态下不会危害人体健康和周围设备，当电气设备发生非预期的故障时，应能切断电源，将事故限制在允许的范围内。如果电气设备安装不恰当，使用不合理，维修不及时，尤其是电气工作人员缺乏必要的电气安全知识，不仅会造成电能浪费，而且会发生电气事故，危及人身安全，重大损失。

1. 车间用电设备的安全要求

（1）设备的结构形式应与场所环境相适应。

（2）设备上的裸露带电体要有保护。

（3）设备上安装的开关设备、保护装置、控制装置、信号装置必须齐全完好。

（4）设备的相间绝缘电阻，对地绝缘电阻必须符合要求。

（5）所有不带电的金属外壳都应根据其供电系统的特点进行接地或接零。

（6）定期进行检修和安全检查。

2. 电气安全技术的特点

（1）周密性　任何一项电气安全技术的产生都有着严格的过程，不得有任何疏忽，任何一个细致的可能都应考虑并做试验，以保证技术的可靠周密，否则将会带来不可估量的损失。

（2）完整性　电气安全技术是一个非常完整的体系，不仅包括电气本身的各种安全技术，而且还包括用电气技术保证其他方面安全的各项技术。同时，这两方面都完整无缺、滴水不漏且面面俱到，从安全组织管理、技术手段到人员素质、产品质量以及设计安装等，形成一个完整的安全体系。

（3）复杂性　正因为上述两点导致了电气安全技术的复杂性。电气安全技术的对象；不仅是单一的用电场所，一些非用电场所也有电气安全问题。此外，利用电气及控制技术来解决安全问题以及有关安全技术的元件，不仅有电气技术，还有电子技术、微机技术、检测技术、传感技术及机械技术。这样使得电气安全技术变得很复杂。

（4）综合性　综上所述，电气安全技术是一门综合技术，除了电气电子技术外，还涉及许多学科领域，其中包括管理技术、操作规范以及消防、防爆、焊接、起重吊装、挖掘、高空作业、传感器及元器件制作等。随着社会的发展，电的应用越来越广泛，电气安全技术将更为复杂化、更具有综合性。

（5）不断修改性　任何一项安全措施、操作规程、元器件的产生都是人们在生产实践中不断总结修改而产生的，也只有这样，才具备上述的严密性、完整性。

（6）安全第一，预防为主　安全工作必须走在事故的前面，否则安全工作就失去了意义。

3. 电气作业使用的安全用具

（1）绝缘安全用具。

（2）登高作业安全用具。

（3）携带式电压和电流指示器。

（4）临时接地线等。

电工安全用具应按《电业安全工作规程》的规定，定期进行检查、试验。

4．电气设备安全操作

（1）操作设备人员未经过岗前培训或者未能熟练掌握该设备的情况下，不得随意操作设备。

（2）对机器上贴有安全警告标示的地方，操作人员在操作过程中应注意操作安全。

（3）对装有安全保护装置的设备，严禁将其为了工作方便拆下保护装置或在保护装置失灵的状态下操作。

（4）操作设备时人体尽量避免进入设备的运动范围内，维修时除外。

（5）对操作高温设备时，必须戴防护手套，对有气体产生或者有粉尘飘逸的设备操作时必须戴防尘口罩或面罩。

（6）对于操作转动设备（如台钻、转床、铣床、绕线机）等严禁戴手套作业，女性员工操作时应把头发缠绕或盘扎在帽子内。

（7）操作设备前应检查各按钮开关、旋转开关、指示灯、指示仪表等是否正常，有无破损。

（8）开机时应根据产品制造工艺要求，打开各气管、水管、油管等管道阀门；设定设备各工作部分参数，制造产品前应再次确认设定机器参数是否有误及保存。

（9）手动操作设备试运作2～3个工作来回，确定水压、油压、气压及温度是否在工艺要求参数范围内，所安装的磨具上下是否已牢固固定，定位孔定位销是否吻合，有无偏差及移位现象；无误后再做自动循环操作。

（10）工作中应不定时检查设备参数有无偏离规定值，设备各部位螺丝螺帽有无松动及脱落，保险装置是否正常，设备有无异常声响。

（11）工作后关闭设备电、水、气及油等开关阀门；打扫现场干净整洁。

5. 预防电气设备事故的发生措施

（1）时刻提醒自己，触电的危害，用电要安全。

（2）工作中提醒自己，不乱拉、乱扯电线，不带电移动设备，不随意触摸没有防护的带电设备，不随意使用有安全隐患的设备及电动工具：如设备防护盖、防护罩已拆除，电源线裸露，设备有异常声响，严重腐蚀生锈断裂及倾斜现象。

（3）严格要求自己操作电气设备时，要按照操作规范操作，不蛮干、盲干。

（4）操作电气设备时，一定要熟读设备安全操作规范，熟练掌握设备的性能及工作过程，所生产的产品的工艺流程。

（5）对设备不熟悉或者不会操作的情况下，要严禁操作、拒绝操作。

（6）不得因想提高工作效率，而随意更改机器的速度、时间及工艺流程等参数。

（7）经常接触和使用的配电箱、配电板、闸刀开关、按钮开关、插座、插销以及导线等，必须保持完好，不得有破损或将带电部分裸露。

（8）经常检查电气设备的保护接地、接零装置，保证连接牢固。

（9）对设备进行维修时，一定要切断电源，并在明显处放置“禁止合闸，有人工作”的警示牌。

6. 电气设备事故的特点

（1）电气事故的危险因素不能被感觉器官察觉而预防。电是没有形状、没有颜色、没有气味、可以说也没有声音的一种客观存在的、实实在在的东西。我们在使用过程中，对它的存在容易忽视，对它的危险性认识不足，这样就很容易出事故。

（2）电气事故的危险性大，损失严重、死亡率也较高。电气事故一旦发生，轻者损坏设备，造成停电影响生产；人如触电轻者电伤，重者致残，甚至死亡；电气事故还能引起电气火灾、爆炸。

（3）预防电气事故的发生，必须具备必要的电的一些基本知识，若对电一无所知，那电就会时时处处威胁着人们的安全。

（4）电气事故发生时，来得突然、毫无预感，人一旦触电，自身失去防卫能力。

7. 触电危害

随着社会的发展，电在人们的日常工作与生活中应用极其广泛，但如果使用不当，小则损坏机器设备，大则危及人身安全。因为当人们一不小心接触到电源，电流就能立即通过人体，对人体造成不同程度的伤害。电对人体的伤害分为电击和电伤两种。

（1）电击　所谓电击就是指当电流通过人体内部器官，使其受到伤害。如电流作用于人体中枢神经，使心脑和呼吸机能的正常工作受到破坏，人体发生抽搐和痉挛，失去知觉。电流也可使人体呼吸功能紊乱，血液循环系统活动大大减弱，造成假死。如救护不及时，则会造成死亡。电击是人体触电较危险的情况。

（2）电伤　所谓电伤就是指人体外器官受到电流的伤害。如电弧造成的灼伤，电的烙印，由电流的化学效应而造成的皮肤金属化，电磁场的辐射作用等。电伤是人体触电事故较为轻微的一种情况。

8. 防止触电的措施

为了达到安全用电的目的，必须采用可靠的技术措施，防止触电事故发生。绝缘、安全间距、漏电保护、安全电压、遮栏及阻挡物等都是防止直接触电的防护措施。保护接地、保护接零是间接触电防护措施中最基本的措施。专业电工人员在全部停电或部分停电的电气设备上工作时，在技术措施上，必须完成停电、验电、装设接地线、悬挂标示牌和装设遮栏后，才能开始工作。

9. 静电、雷电、电磁危害的防护措施

（1）静电的防护　生产工艺过程中的静电可以造成多种危害。在挤压、切割、搅拌、喷溅、流体流动、感应、摩擦等作业时都会产生危险的静电，由于静电电压很高，又易发生静电火花，所以特别容易在易燃易爆场所中引起火灾和爆炸。静电防护一般采用静电接地，增加空气的湿度，在物料内加入抗静电剂，使用静电中和器和工艺上采用导电性能较好的材料，降低摩擦、流速、惰性气体保护等方法来消除或减少静电产生。

（2）雷电的防护　雷电危害的防护一般采用避雷针、避雷器、避雷网、避雷线等

装置将雷电直接导入大地。避雷针主要用来保护露天变配电设备、建筑物和构筑物；避雷线主要用来保护电力线路；避雷网和避雷带主要用来保护建筑物；避雷器主要用来保护电力设备。

（3）电磁危害的防护　电磁危害的防护一般采用电磁屏蔽装置。高频电磁屏蔽装置可由铜、铝或钢制成。金属或金属网可有效地消除电磁场的能量，因此可以用屏蔽室、屏蔽服等方式来防护。屏蔽装置应有良好的接地装置，以提高屏蔽效果。

五、激光器安全使用知识

1. 激光危险的分级

激光的附加辐射之危险性和相关其他的危险性，大多可借助适当的装置及措施加以防范。因此，激光的主要危险性在于其光束本身。根据激光的危险程度加以分级（1~4级），可以分别采取恰当的安全措施，简化采用适当安全措施的程序，以免过与不及。

（1）第一级激光　激光打印机和各型光驱中，激光及其光束完全封闭于护罩内部，这是第一级激光系统的一部分。在维修、调整过程中，这种系统的激光及光束即暴露出来，它的级别应视其波长与功率等因素认定。输出功率极低的激光，则是第1级激光中，与医疗应用有关系的部分。它的光束是可以安全目视的，不会对眼睛、皮肤造成伤害。

（2）第二级激光　第二级激光的光束久看有害，连续波可见光激光束功率高于第一级激光的上限，而低于1 mW。这一级激光，也就是低危险激光。只有在故意反抗自然厌光反应，持续凝视时，第二级激光才会造成眼部伤害。非可见光激光没有列入第二级激光。

（3）第三级激光　总功率高于1.0 mW的瞄准光束或对光激光，具有第三级危险性。即使只在完成厌光反应之前的短暂期间内，有第三级激光进入眼睛，就会有伤害。第三级又分为三（a）和三（b）两个副级。第三（a）级激光是光束功率为1~5mW，强度不超过25W/m^2的可见光激光。如果它的光束大部分进入眼中，会引起中度的眼睛伤害。辐射率较低时，久看有害；辐射率较高时，眼睛受短期照射，即造成伤害，用仪器观看也会立即造成伤害。非可见光激光也没有属于三（a）级激光者。第三（b）级激光的光束直接照射眼睛与皮肤，立即造成伤害。它包含一些脉冲激光，以及输出功率介于5 mW与500mW之间的连续波激光。

（4）第四级激光　输出功率高于0.5W（500mW）的连续波激光，属于第四级。如果使用不当，使眼睛和皮肤受到直接光束或散射光束照射时，都会伤害眼睛与皮肤，以及导致火灾。

2. 激光的危害性

激光的高强度，使它与生体组织产生极剧烈的光化学、光热、光动力、光剥离、光波电磁场等交互作用，从而造成严重的伤害。周围的器材，尤其是可燃、可爆物，也会因而引起灾害。高度同调性造成的干涉，使相长干涉处的光更强，因此会导致更高的危害。

（1）对于眼睛的危险性　人眼的角膜与结膜没有受到如一般皮肤角质层的保护，最容易受到光束及其他环境因素的侵袭。激光的强度很高，以致在眼睑的反射动作产生保护作用之前，就造成伤害了。

（2）对于皮肤的危险性　皮肤受伤害的原因，可能是光化学反应（主要在紫外线波段）或热效应（主要在红外线区）。例如红斑（晒斑）是表皮受伤所致，有时真皮也有某种程度的伤害，而这些伤害源于光化学引起的反应。如果了解其危险性，针对准分子的紫外线激光所需的保护皮肤措施，就容易规划及执行。

3. 激光安全管理措施

（1）使用第一级激光器的管理　由于第一级激光器是无害免控激光器，因此不需任何控制措施。激光器不必使用警告标记，但须避免不必要、长久地直视第一级激光束。

（2）第二级激光器的使用安全措施　第二级激光器为低水平激光器，如偶尔照射到人眼还不至于引起伤害，可连续观察激光束时能损伤眼睛。因此，不能长时间地直视激光束，此是对第二级激光器的最重要控制措施。此外，还应该在安放第二级激光器的房门上及激光的外壳及其操作面板上张贴警告标记。

（3）第三级激光器的使用安全措施　由于第三级激光器是中等功率激光器，可能对眼有损伤，必须对这一级激光器定出措施，确保安全。

（4）第四级激光器的使用安全措施　由于第四级激光器功率输出最高，而且光波非肉眼所感受到，是最危险的激光器，对人体的损害机会及严重程度最大，必须对第四级激光器采取更为严格的控制措施，须增加一些特殊管理才行。激光室内要尽可能地把全光路完全封闭起来，即尽可能把原光束、镜式反射光束和漫反射光束都封闭起来。外罩应装联锁开关，确保人员安全健康。对于第四级激光器只允许具有正确操作人员而且持有执照，并有钥匙专管的工作人员才能启动激光器，必须有“危险”警告标记。

4. 激光安全操作要求

激光与普通光源不同，由于其亮度高、方向性好，能量密度大这一特殊性质将对安全构成危险。安全使用激光器要求所有激光用户和所有在激光系统附近的人都必须对激光安全知识有足够的了解。因此操作者应遵守以下安全防范措施：

（1）遵守操作手册中的所有安全防范措施。

（2）在激光附近必须谨慎使用溶剂。

（3）仅限熟悉激光安全的合格人员操作。

（4）不要直视激光光源或从任何反射面散射的激光光束，坚决不能顺着光束往下看。

（5）实验设置保持在低高度，以防止因疏忽而使光束射入眼睛。

（6）为防范意外输出光束或其反射的照射，操作者应佩戴合适的指定波长的激光安全眼镜。

（7）避免激光直射，强光束很容易灼伤皮肤或点燃衣服。

（8）在密封的房间内使用激光时，如果不加以控制，激光在很长的距离内仍然很平行所以依然有潜在危险。

（9）在激光束危险区域内贴上警告标志，以提醒所有激光用户和靠近激光系统的所有人注意激光的危险等级。

（10）在可控制和限制的房间内操作激光。

第二节　环境保护知识

一、化学品保管与使用

1. 化学品的概念及分类

化学品是指各种元素组成的纯净物和混合物，无论是天然的还是人造的。据美国化学文摘登录，全世界已有的化学品多达700万种，其中已作为商品上市的有10万余种，经常使用的有7万多种，每年全世界新出现化学品有1000多种。

危险化学品是指是指具有毒害、腐蚀、爆炸、燃烧、助燃等性质，对人体、设施、环境具有危害的剧毒化学品和其他化学品。GB13690-2009《常用危险化学品分类及标志》将危险化学品分为八大类。

第一类：爆炸品，爆炸品指在外界作用下（如受热、摩擦、撞击等）能发生剧烈的化学反应，瞬间产生大量的气体和热量，使周围的压力急剧上升，发生爆炸，对周围环境、设备、人员造成破坏和伤害的物品，如炸药、手雷等。

第二类：压缩气体和液化气体，指压缩的、液化的或加压溶解的气体。这类物品当受热、撞击或强烈震动时，容器内压力急剧增大，致使容器破裂，物质泄漏、爆炸等，如煤气罐、氯气瓶。

第三类：易燃液体，本类物质在常温下易挥发，其蒸气与空气混合能形成爆炸性混合物，如汽油。

第四类：易燃固体、自燃物品和遇湿易燃物品，这类物品易于引起火灾，如红磷、硫磺等。

第五类：氧化剂和有机过氧化物，这类物品具有强氧化性，易引起燃烧、爆炸，如氯酸铵、高锰酸钾等。

第六类：毒害品，指进入人（动物）肌体后，累积达到一定的量能与体液和组织发生生物化学作用或生物物理作用，扰乱或破坏肌体的正常生理功能，引起暂时或持久性的病理改变，甚至危及生命的物品，如各种氰化物、砷化物、化学农药等。

第七类：放射性物品，它属于危险化学品。

第八类：腐蚀品，指能灼伤人体组织并对金属等物品造成损伤的固体或液体，如硫酸、硝酸、盐酸等。

2. 化学品的储存

（1）储存化学品仓库，应设置有明显的安全标志，严禁火种警示。

（2）仓库配备足够的消防设施和器材，它们应放在明显、便于取用的地点。消防设施和器材应经常保养及时更新，处于完好有效的状态。

（3）库内铺设的配电线路需穿金属管或非燃硬塑料管保护。

（4）照明设施使用日光灯低温照明工具和其他防爆型照明灯具，并对镇流器采取散热等防火措施。

（5）保持通风良好。

（6）危险化学品按不同类别、性质、灭火方法等，隔离储存，防泄漏、流淌等。

（7）储存仓库设有标牌。标牌有储存物名称、安全技术资料等。

（8）按规定仓库主通道宽度不少于1.8m，支道不小于0.8m。

（9）按规定

①垛与墙最小距离。腐蚀性为0.3m、易燃性为0.5m、毒害性为0.3m。

②垛与柱最小距离。腐蚀性为0.1m、易燃性为0.3m、毒害性为0.1m。

③垛与垛最小距离。腐蚀性为0.1m、易燃性为0.1m、毒害性为0.1m。

3. 化学品的出库搬运

（1）经过部门主管审批，专人领料列明名称、规格、数量。

（2）领料使用者先核对资料、检查包装、标签。例如封盖是否盖好，桶是否破损渗漏等。

（3）搬运化学品时，除佩戴个人防护用品，禁止背负背扛，应轻装轻卸，不撞击、不重压、不拖拉、不滚动。

（4）使用手推车时只可以摆放一层。

（5）搬运时不损坏标签和包装以及防泄漏。

4. 化学品的使用

（1）使用前确认标签，了解安全技术说明及其危害特性。

（2）穿戴相宜的安全防护用品，例如防毒口罩、眼罩、胶手套等。在有安全条件的情况下使用危化品。

（3）不可直接用手触摸或用鼻子嗅。

（4）打开瓶口或桶口时，脸部不可直接相对，特别是眼睛，防备开口后喷出气体浓烟甚至浓液，小心轻力操作。

（5）按工艺条件投放添加料，应分散着缓慢地投放，边搅边放。防止溢流、飞溅以及爆炸性的化学反应（例如：浓酸和水混合时产生热能会爆炸性飞溅，不可将水加入浓酸中，须将浓酸逐渐加入水中）。

（6）不同的化学物混合在一起会产生不同的化学反应，有的产生毒气，有的反应激烈产生爆炸性等。

（7）使用场所摆放数量不可过多，最好一个班次的用量。

（8）使用完的空桶等容器、工具、清洗干净，放到指定地点或退回仓库。

（9）皮肤或衣物不小心沾上化学品，立刻用大量清水冲洗干净，必要时立刻送往医院。

二、冲洗废液排放

1. 化学清洗废液种类及其特征

化学清洗过程可分为碱洗、酸洗、中和、钝化等几个主要步骤，其废液情况如下：

（1）碱洗废液　碱洗（包括碱煮）的目的是清除新建设备或装置在制造、储存及安装过程中所产生各种机械油、石墨脂、防锈油等油污，对在役设备或装置的某些难溶垢（如硫酸盐、硅酸盐垢）的转化。常用的药剂为各种碱性盐类和表面活性剂，如纯碱、烧碱、磷酸三钠、三聚磷酸钠、硅酸钠、乳化剂、润湿剂等。

（2）酸洗废液　酸洗的目的是清除新建设备或装置中的各种铁锈、轧制鳞片、焊接氧化物和在役设备或装置在生产过程由于种种原因所形成的水垢、锈垢、铜垢等。

（3）钝化废液　钝化的目的是为了防止酸洗后处于活性状态的金属表面出现二次浮锈而采取的措施。常用的钝化药剂有：亚硝酸钠（0.5%～2%）、联氨（50～100mg/kg）、纯碱（0.5%～1.5%），烧碱（0.5%）、磷酸盐（0.5%～1.5%）等。

（4）其他废液　在碱洗和酸洗前后，分别需进行水冲洗与中和处理，其目的是冲洗与中和碱洗、酸洗残液，以保证酸洗、钝化的质量，这部分冲洗水与中和液分别呈弱碱和弱酸性。

2. 化学清洗废液对环境的污染及危害

（1）油的污染　废液排入水体，未经处理的油漂浮在水表面形成油膜，使大气与水面隔绝，破坏正常的充氧条件，导致水体缺氧，破坏水生植物的通气和光合作用；同时，对水生动物的生存也有极大影响。含油废液进入海洋，不仅影响海洋生物的生长，降低海洋的自净能力，而且影响海滨的环境卫生，降低海滨的使用价值。

（2）酸碱污染　水体遭受酸、碱污染后，酸、碱度发生变化，水中微生物受到抑制，致使水体的自净能力产生阻碍。同时，鱼类及水生物也难以生存，对生态系统产生不良影响。含酸、碱废液还可腐蚀水工构筑物和船舶等。

（3）化学耗氧量（COD）的影响　COD的废液排入水体时，可导致水体缺氧使水生动植物生存困难，大量死亡，水色变混浊，恶化环境卫生。

（4）氟化物的污染　水体中氟化物含量超过规定指标时，会对人体健康有不良影响。氟化物能抑制烯醇化酶，影响糖代谢和细胞呼吸功能，氟化物还可与骨组织的羟磷灰石的羟基交换，并通过抑制骨磷酸化酶或与体液中的钙离子结合生成难溶性氟化钙，从而导致钙、磷代谢紊乱，引起低血钙、氟斑牙、氟骨等病症。

（5）重金属离子的污染　重金属不能被生物降解为无害物。含重金属废液排入水体后，除部分被水生物、鱼类吸收外，其他大部分均沉积于水体底部，水中浓度随水温、pH不同而变化，冬季水温低，重金属盐类在水中溶解度小，沉积量大，水中浓度低；夏季水温高，重金属盐类在水中溶解度大，水中浓度增高。水体经重金属废液污染后，危害持续时间很长，有些重金属及其化合物还能在水生物体内及农作物组织内累积富集而造成危害，人类通过饮水及食物链的作用，使重金属物质在人体内累积富集而中毒死亡。

（6）亚硝酸盐及联氨的污染　水体中若含有亚硝酸盐，人类饮用后，在体内可转变为致癌物——亚硝铵。联氨侵蚀人体皮肤、黏膜，损害体内酶类，对人体有极大的伤害。

3. 化学清洗废液的处理方法

（1）碱洗废液的处理方法

①碱性的处理。碱洗结束时，废液中碱含量一般为0.5%～5%，pH>9，碱性较强，一般处理采用中和法。

②油的处理。碱洗废液中的油主要以乳化油的状态存在，这种油分散的粒径很小，不易从废液中去除，通常采用破乳—油水分离—水质净化的处理办法。

③化学耗氧量（COD）的处理。碱洗废液的COD处理可参照酸洗废液COD的处理。

（2）酸洗废液的处理方法

①酸性的处理。酸洗结束时，废液中酸含量一般为0.1%～6%，pH<1，酸性很强。

②化学耗氧量（COD）的处理。酸洗废液的COD值较高，一般为500～50000 mg/L，高于排放标准，通常可采用焚烧法处理或氧化法处理。

③其他有害物质的处理。含氟废液可采取混凝沉淀法或吸附法来进行处理。其中，混凝沉淀法比较普遍。含重金属离子废液处理方法很多，常用的有氢氧化物沉淀法、硫化物沉淀法、氧化还原法、离子交换法等，其中以氢氧化物沉淀法使用最为普遍。

（3）钝化废液的处理方法

①亚硝酸钠的处理。钝化废液中亚硝酸钠的处理方法较多，分别有氯化铵法、次氯酸钙法、尿素法和氨基磺酸法。

②联氨废液的处理。联氨废液的处理方法有次氯酸钠分解法、臭氧化法等。

（4）其他清洗废液的处理　对化学清洗各阶段的冲洗水，中和液，可根据其酸、碱性条件，分别参照碱洗、酸洗废液的处理方法进行处理。

三、印刷行业废液处理

1. 印刷企业废液

印刷企业废水有印刷机水箱润版液废水、印前冲版水废水、洗车废水。

2. 环保原则及效果

（1）环保原则：减少原则　制版过程中会产生废定影液、废显影液和废氨水等，其中废定影液含银离子，可进行回收。而废显影液和废氨水如不处理排放或交无资质单位处理，会产生一系列环境问题。制版废液中含有大量的酸、锌离子、有机溶剂及表面活性剂，直接大量排放会对环境造成污染。应收集制版过程所产生的废液，交于有资质和有能力的承办商处理。对废液进行再利用，回收其中有价值的成分，这对于降低印刷制版的成本，减少环境污染均是有利的。

（2）环保效果：可减低废液排放所产生的环境污染，也会减少现场废液处理费用。

3. 印刷废水预处理的原理及基本方法

印刷废水的预处理是指废水在进入传统沉淀法、生物法等处理环节之前，对废水进行预处理的措施，是保证整个印刷废水处理工艺稳定达标的前提条件。

印刷废水的预处理过程主要包括pH调节、混凝。pH调节是印刷废水预处理的关键环节，会直接影响混凝效果和下一步的废水处理效果。一般印刷废水的pH为5.0～9.0，可通过添加H_2SO_4或NaOH来调节，pH具体控制范围因水质及所在处理环节而异。随后，向调节pH后的印刷废水里加入混凝剂聚合氯化铝（PAC）和助凝剂聚丙烯酰胺（PAM）。这两种添加剂属于水溶性高分子聚合物，与印刷废水混合后，在离子的架桥作用及聚合作用下，能使废水中的细微悬浮粒子和胶体离子脱稳、聚集、混凝、吸附、絮凝，最终沉淀，达到净化的效果，这一过程可强力去除印刷废水中的细微有毒物质及重金属离子。

第六章

印前处理质量管理知识

学习目标

1. 掌握印前胶片输出的质量标准。
2. 掌握印前打样稿输出的质量标准。
3. 掌握印前印版输出的质量标准。
4. 掌握印前岗位质量控制的注意事项。

印刷品质量的定义：印刷品质量是印刷品各种外观特性的综合效果。印前作为印刷品生产的第一个环节，对于印品的质量起着非常重要的作用。规范化印前作业标准，有利于提升品质，降低损耗。

第一节　印前质量标准要求

印刷工艺中，印前环节的质量，主要把原稿的质量、输出的菲林片、数码打样稿和制作好的印版作为主要控制环节来实现印品质量的把控。

一、原稿的质量要求

（1）线条原稿　线条原稿要求线条清晰，无断笔，线条流畅且粗细适当，底色与线条色要明度反差大，若底色和线条色都是彩色的，要尽量使颜色搭配有利于制版时能分成明显的密度级别。

（2）反射连续调原稿　对于反射连续调原稿，需满足以下质量要求：

①照片的整个画面不能有偏色现象。要求在自然光或接近日光色温的标准光源下观察。主要看画面上白色、灰色和黑色部分是否偏色，如果没有偏色，说明画面的色彩准确，否则存在偏色。

②照片彩色的饱和度应饱和。主要查看画面中的主体的主要色彩是否饱和。

③主体物的主要色彩应准确。如人物照片应主要以人物面部的颜色为标准来查看色彩是否准确。

④原稿的反差应适宜。包括亮度差、色调反差和反差平衡。

（3）透射原稿　对于透射原稿，需满足以下质量要求：

①透射原稿中的密度适中，高光部分和暗调部分影像清晰，层次分明，中间调部分层次丰富，清晰度高，颗粒细腻。

②透射稿该透明的地方灰雾度低于0.03，暗调要密度高，正常原稿的密度应在0.3～2.8，原稿呈现一定的反差，反差在1.6～2.5。

二、胶片的质量标准及控制

胶片，又称菲林，其质量标准主要包括：胶片的密度、是否被划伤、是否符合工艺要求、套合、网点和内容丢失与否、咬口的大小和方向、显影及定影是否彻底、折幅的大小、大版的规格、书名标识等，可以从以下方面对胶片的质量做检查。

（1）确认胶片数量和颜色及尺寸是否正确，包括单色片，四色片，专色片，正背套的胶片。

（2）检查菲林的外观质量，要求胶片上的实地应保证没有沙眼，药膜无划伤，无油迹，无定影未除掉的“白点”。各色平网、过渡网、图片上有无划伤、脏点、虚光点、激光线、折痕、杂点，过渡是否平滑等。

（3）用密度计检测胶片的实地密度和灰雾度。实地密度是指实地块的密度值，要求大于等于3.8为合格。灰雾指空白胶片的绝对密度，灰雾值小于等于0.03的菲林为优，0.03到0.07间均为合格。

（4）检测菲林的线性化数值。一般应保证软片灰梯尺上的标示数值与测量数值相差小于等于2为合格。

（5）检查网点形状、网角及加网线数，网点要求圆滑、殷实，无锯齿，无拖尾；网角符合标准（一般单色45° 、四色差30° ），不撞网；加网线数适合印刷介质（如：新闻纸不高于120lpi，铜版纸不低于133 lpi）。

（6）检查菲林胶片套合情况。一般在透版台上以其中一张有大面积颜色的为基准，套合其他三张胶片，各单色版的套合误差小于0.1mm。文字，线条，图像边缘套合不能有重影。

（7）检查拼版方式。拼版方式一般有自翻版、大翻身版和大套版。自翻版和大套版应以中线对称，检查中线到两边的距离是否相等。拼版方向应该相对称，大套版正背套误差应在1线以内，对应的线全部能对上。需要后工序装订或折页的活件折手必须正确。

（8）检查版式和文字内容。检验一下客户改动的地方是否正确；拼接图的位置一定要量准确，内容能对接上。

三、数码打样稿的质量标准及控制

数码打样是指利用彩色打印机输出的印前拼好大版的样张。数码样稿用以检查印前工序的页面图文质量，为印刷工序提供参考样张，并为客户提供可签字付印的依据。

1. 数码样稿的质量标准

（1）ISO 12647-7（2016）标准中，理想的数码样稿介质应该与要模拟的介质相同。在无法保证二者相同的情形下，打样承印物和印刷承印物光泽度都应该处于相同的哑光、半哑光或高光等级。不同纸张的光泽度参考值如表6-1所示。

表6-1　不同纸张的光泽度

打样介质类型	75° 入射角	60° 测量	打样介质类型	75° 入射角	60° 测量
哑光纸	＜20	＜5	高光纸	＞60	＞20
半哑光纸	20-60	5-20			

（2）打样承印物和印刷承印物的色度误差在3.0ΔE_{00}以内，为保证纸白模拟的准确性，打样承印物的亮度值应该要高于印刷承印物的亮度值。

（3）打样承印物和印刷用承印物属于同一等级。按照ISO15297：2014，荧光等级分为微量、少量、中等、大量。实际上还有不含荧光增白剂的情况。承印物荧光种类及范围如表6-2所示。

表6-2　承印物荧光种类及范围

分类	范围	分类	范围
不包含 OBA	$0 \leqslant \Delta B \leqslant 1$	中等	$8 < \Delta B \leqslant 14$
微弱	$1 < \Delta B \leqslant 4$	大量	$14 < \Delta B \leqslant 25$
少量	$4 < \Delta B \leqslant 8$		

（4）数码样稿原色的实地LAB值要与印刷条件下的目标色度值一致，色差在3.0ΔE_{00}以内，CMY的CIELAB色相差不超过2.5。

2. 数码打样稿的质量控制

数码打样环节必须在使用色彩管理的基础上才能真正起到打样的作用，所以在设备做好色彩管理的文件后，平时在使用时要关注的就是让设备处于稳定的工作状态，如工作环境的温、湿度要稳定，所使用的墨水和纸张要和做ICC曲线时一样的耗材。要做好打样机的保养工作，保证喷嘴的通畅性，机器的参数要和做色彩管理时设置的参数相同。如果设备的稳定性发生变化或者所使用的耗材或参数发生变化，则需要重新进行打样机的色彩管理，调用新的ICC文件再打数码样稿。

数码打样稿的质量还取决于设备的性能及其环境，所以要做好设备的维护保养及其环境温湿度的控制。

四、印版的质量标准及控制

输出合格的印版，防止不合格的印版进入印刷环节，是印前工序中非常重要的一个质量控制环节。

1. 印版的质量

（1）印版的外观质量：目视检查印版不应有划伤、脏点、起雾、级痕、白线（阳图版）或黑线（阴图版）等影响印版质量的故障。利用放大镜查看网点，要求网点完整饱满光洁、无空心。

（2）加网线数为175l/in的印版，2%～98%的网点应完好再现。印版的网点均匀性要好，要求满版加网线数为175l/in的印版任意位置的网点阶调测量值得最大值与最小值差应不大于1%。

2. 印版质量的控制

（1）所使用印版版材应表面平整，涂层应均匀，无划伤、折痕、气泡、脏点、白点等用目视可察觉的瑕疵。

（2）制版过程中，所使用的版材、显影液/补充液、保护胶要在保质期内，储存时包装完好。版材的感光性能一定要与制版机的参数做测试，找到最佳匹配的组合参数。

（3）应定期对制版设备做线性化校准，印版网点百分比允差符合20%的网点允差小于等于1%，50%的网点允差小于等于1.5%，80%的网点允差小于等于1%。

（4）使用GB/T 34690.4—2017要求的大版文件和印刷ICC色彩特性文件制作印版。

（5）每输出160张版材或间隔8h，宜检测一次显影液的电导率，以确保显影液浓度处于正常范围内。宜至少每4h检测一次保护胶的pH，以确保保护胶处于正常工作状态。应根据使用情况制定更换冲版机显影过滤芯周期。

（6）检查印版时可以使用20倍或20倍以上的放大镜查看，建议使用印版测试仪进行印版质量检测。

第二节　岗位质量保证措施

在印前环节做好对产品的质量把控，可以通过以下几个方面来实现。

1. 标准流程化

每个操作环节、生产流程、工艺参数、质量检查、作业操作指引等进行标准化控制。每个岗位都必须严格执行各项生产要求和标准，不准违反操作规程。在标准的生产流程前提下，持续改善异常问题，建立更加完善的品质管理制度，减少各工序环节的漏洞发生，同时加强人员技术培训。在标准化的工作流程中，要建立设备的保养维护机制。

2. 数据精细化

每个工作岗位或工序将具体的内容进行数据化，为工作岗位提供可行的标准，员工在生产过程中应严格遵照质量标准、工艺规程进行操作，不得擅自提高或降低标准，在操作的同时并做好记录，同时将质量异常容易发生的部分，采取预防对策，提高质检的整体监控数据。

3. 职权管控化

加强岗位职权责任度，明确每个岗位的职权和工作项目，做到所有工作岗位指定人负责，定人定点定岗。

第三节 印前检查

美国印刷技术基金会曾对数字文件中常见的问题进行过调查，发现客户提供的数字原稿经常有错误，如丢字、丢图像、色彩不正确、扫描模式错误、页面设置不对、出血尺寸不对、补漏白不对、图像分辨率过低或过高等。

文件预飞又称为印前检查，即判断页面文件的信息，检查是否能正确地输出印版，是否适合印刷。作业中常通过不同的方式检查文件的准确性。

1. 页面检查

（1）检查页面文件的尺寸　页面大小一定要符合客户要求的成品尺寸，对需要特殊加工的产品要特别注意。检查成品上天头、地脚、左右的空白区域大小，确保这些尺寸与客户签样样张一致。

（2）检查出血的设置　检查是否设置了出血，出血的尺寸是否适当，一般产品出血多为3mm，对于尺寸较小的卡片或体积较大的包装箱出血按实际情况判断。

（3）检查页面内图文的位置是否适当　检查页面内的图文离裁切线或折线是否多余5mm，封面内容离书脊位置是否有10mm，是否远离压槽线。

（4）检查版式　注意拼大版的顺序和方向，折页版式是否符合装订折页机的要求，一般通过打样之后折成小样来进行检查。

（5）检查印刷标记　手工绘制规矩线时，线条宽度是否设置为不大于0.1mm；四色印刷时，规矩线是否全部定义为套版色（C100%、M100%、Y100%、K100%）。

2. 图文颜色检查

（1）印刷用的文件中图形、图像、文字的色彩模式必须是CMYK模式、灰度模式或单色Bitmap模式。

（2）注意黑色文字、图形是否误用了套版色、四色黑或RGB黑。

（3）检查单色、双色文件，是否有一些对象使用了四色；四色文件中，是否有出现专色；专色文件印刷时，是否自始至终使用相同的专色名称。

（4）检查专色与四色是否撞网。

（5）检查专色与专色、专色与四色是否套准。

3. 图片内容检查

（1）检查链接文件是否存在漏传、丢失或链接未更新的情况。

（2）检查图片是否存在Alpha通道、剪贴路径未起作用，该抠图的背景没有抠掉。

（3）检查图片的分辨率是否与加网线数不匹配，有过低或过高的分辨率的图片。印刷输出的图片一般要求像素密度300ppi，即采用加网线数的2倍作为图像的分辨率。

（4）检查图片是否完整，是否存在图图互压，图文互压的现象。

（5）检查扫描的印刷品图片是否去网，图片在修图时是否有瑕疵。

4. 检查图片阶调及其他

（1）检查图片阶调是否符合印刷要求。

（2）检查是否采用了印前不适合的格式。

（3）检查渐变设置是否存在带状效果。

5. 文字内容检查

（1）检查文字的字体是否选择了输出无法正常输出的字体。最好采用业内通用的中文字库，尽量不使用少见字体。如使用生僻的字体，则应该把字库一个随文件发给输出中心，或者将文字转换为曲线。

（2）检查文字是否使用了特别小字号的设置。一般最小字号设为4 ~ 6pt。

（3）检查文本样式是否统一。

（4）检查文字排版是否符合排版规则。如不可以出现孤字成行，孤行成页；不可以背题等。

（5）检查是否存在文字溢出现象。

（6）是否存在缺字、乱码现象。

（7）检查对中英文标点符号是否进行了正确设置。

6. 叠印、套印、陷印检查

（1）检查黑色是否设置为叠印。

（2）检查小字、细线条是否多色套印，如为多色，则在印刷时会造成套印不准。

（3）多色套印底色上是否有反白小字、细线，这都是不适合印刷的。

7. 检查陷印

检查页面中该设置补漏白的位置是否做了陷印设置。

附录

附录1　印刷业管理条例

（2001年8月2日国务院令第315号发布，2016年2月6日国务院令第666号《国务院关于修改部分行政法规的决定》、2017年3月1日国务院令第676号《国务院关于修改和废止部分行政法规的决定》修订）

第一章　总则

第一条　为了加强印刷业管理，维护印刷业经营者的合法权益和社会公共利益，促进社会主义精神文明和物质文明建设，制定本条例。

第二条　本条例适用于出版物、包装装潢印刷品和其他印刷品的印刷经营活动。

本条例所称出版物，包括报纸、期刊、书籍、地图、年画、图片、挂历、画册及音像制品、电子出版物的装帧封面等。

本条例所称包装装潢印刷品，包括商标标识、广告宣传品及作为产品包装装潢的纸、金属、塑料等的印刷品。

本条例所称其他印刷品，包括文件、资料、图表、票证、证件、名片等。

本条例所称印刷经营活动，包括经营性的排版、制版、印刷、装订、复印、影印、打印等活动。

第三条　印刷业经营者必须遵守有关法律、法规和规章，讲求社会效益。

禁止印刷含有反动、淫秽、迷信内容和国家明令禁止印刷的其他内容的出版物、包装装潢印刷品和其他印刷品。

第四条　国务院出版行政部门主管全国的印刷业监督管理工作。县级以上地方各级人民政府负责出版管理的行政部门（以下简称出版行政部门）负责本行政区域内的印刷业监督管理工作。

县级以上各级人民政府公安部门、工商行政管理部门及其他有关部门在各自的职责范围内，负责有关的印刷业监督管理工作。

第五条　印刷业经营者应当建立、健全承印验证制度、承印登记制度、印刷品保管制度、印刷品交付制度、印刷活动残次品销毁制度等。具体办法由国务院出版行政部门制定。

印刷业经营者在印刷经营活动中发现违法犯罪行为，应当及时向公安部门或者出版行政部门报告。

第六条　印刷行业的社会团体按照其章程，在出版行政部门的指导下，实行自律管理。

第七条　印刷企业应当定期向出版行政部门报送年度报告。出版行政部门应当依法及时将年度报告中的有关内容向社会公示。

第二章　印刷企业的设立

第八条　国家实行印刷经营许可制度。未依照本条例规定取得印刷经营许可证的，任何单位和个人不得从事印刷经营活动。

第九条　企业从事印刷经营活动，应当具备下列条件：

（一）有企业的名称、章程；

（二）有确定的业务范围；

（三）有适应业务范围需要的生产经营场所和必要的资金、设备等生产经营条件；

（四）有适应业务范围需要的组织机构和人员；

（五）有关法律、行政法规规定的其他条件。

审批从事印刷经营活动申请，除依照前款规定外，还应当符合国家有关印刷企业总量、结构和布局的规划。

第十条　设立从事出版物印刷经营活动的企业，应当向所在地省、自治区、直辖市人民政府出版行政部门提出申请。申请人经审核批准的，取得印刷经营许可证，并持印刷经营许可证向工商行政管理部门申请登记注册，取得营业执照。

企业申请从事包装装潢印刷品和其他印刷品印刷经营活动，应当持营业执照向所在地设区的市级人民政府出版行政部门提出申请，经审核批准的，发给印刷经营许可证。

个人不得从事出版物、包装装潢印刷品印刷经营活动；个人从事其他印刷品印刷经营活动的，依照本条第二款的规定办理审批手续。

第十一条　出版行政部门应当自收到依据本条例提出的申请之日起60日内做出批准或者不批准的决定。批准申请的，应当发给印刷经营许可证；不批准申请的，应当通知申请人并说明理由。

印刷经营许可证应当注明印刷企业所从事的印刷经营活动的种类。

印刷经营许可证不得出售、出租、出借或者以其他形式转让。

第十二条　印刷业经营者申请兼营或者变更从事出版物、包装装潢印刷品或者其他印刷品印刷经营活动，或者兼并其他印刷业经营者，或者因合并、分立而设立新的印刷业经营者，应当依照本条例第十条的规定办理手续。

印刷业经营者变更名称、法定代表人或者负责人、住所或者经营场所等主要登记事项，或者终止印刷经营活动，应当报原批准设立的出版行政部门备案。

第十三条　出版行政部门应当按照国家社会信用信息平台建设的总体要求，与公安部门、工商行政管理部门或者其他有关部门实现对印刷企业信息的互联共享。

第十四条　国家允许设立中外合资经营印刷企业、中外合作经营印刷企业，允许设立从事包装装潢印刷品印刷经营活动的外资企业。具体办法由国务院出版行政部门会同国务院对外经济贸易主管部门制定。

第十五条　单位内部设立印刷厂（所），必须向所在地县级以上地方人民政府出版行政部门办理登记手续；单位内部设立的印刷厂（所）印刷涉及国家秘密的印件的，还应当向保密工作部门办理登记手续。

单位内部设立的印刷厂（所）不得从事印刷经营活动；从事印刷经营活动的，必须依照本章的规定办理手续。

第三章　出版物的印刷

第十六条　国家鼓励从事出版物印刷经营活动的企业及时印刷体现国内外新的优秀文化成果的出版物，重视印刷传统文化精品和有价值的学术著作。

第十七条　从事出版物印刷经营活动的企业不得印刷国家明令禁止出版的出版物和非出版单位出版的出版物。

第十八条　印刷出版物的，委托印刷单位和印刷企业应当按照国家有关规定签订印刷合同。

第十九条　印刷企业接受出版单位委托印刷图书、期刊的，必须验证并收存出版单位盖章的印刷委托书，并在印刷前报出版单位所在地省、自治区、直辖市人民政府出版行政部门备案；印刷企业接受所在地省、自治区、直辖市以外的出版单位的委托印刷图书、期刊的，印刷委托书还必须事先报印刷企业所在地省、自治区、直辖市人民政府出版行政部门备案。印刷委托书由国务院出版行政部门规定统一格式，由省、自治区、直辖市人民政府出版行政部门统一印制。

印刷企业接受出版单位委托印刷报纸的，必须验证报纸出版许可证；接受出版单位的委托印刷报纸、期刊的增版、增刊的，还必须验证主管的出版行政部门批准出版增版、增刊的文件。

第二十条　印刷企业接受委托印刷内部资料性出版物的，必须验证县级以上地方人民政府出版行政部门核发的准印证。

印刷企业接受委托印刷宗教内容的内部资料性出版物的，必须验证省、自治区、直辖市人民政府宗教事务管理部门的批准文件和省、自治区、直辖市人民政府出版行政部门核发的准印证。

出版行政部门应当自收到印刷内部资料性出版物或者印刷宗教内容的内部资料性出版物的申请之日起30日内做出是否核发准印证的决定，并通知申请人；逾期不做出决定的，视为同意印刷。

第二十一条　印刷企业接受委托印刷境外的出版物的，必须持有关著作权的合法证明文件，经省、自治区、直辖市人民政府出版行政部门批准；印刷的境外出版物必须全部运输出境，不得在境内发行、散发。

第二十二条　委托印刷单位必须按照国家有关规定在委托印刷的出版物上刊载出版单位的名称、地址，书号、刊号或者版号，出版日期或者刊期，接受委托印刷出版物的企业的真实名称和地址，以及其他有关事项。

印刷企业应当自完成出版物的印刷之日起2年内，留存一份接受委托印刷的出版物样本备查。

第二十三条　印刷企业不得盗印出版物，不得销售、擅自加印或者接受第三人委托加印受委托印刷的出版物，不得将接受委托印刷的出版物纸型及印刷底片等出售、出租、出借或者以其他形式转让给其他单位或者个人。

第二十四条　印刷企业不得征订、销售出版物，不得假冒或者盗用他人名义印刷、销售出版物。

第四章　包装装潢印刷品的印刷

第二十五条　从事包装装潢印刷品印刷的企业不得印刷假冒、伪造的注册商标标识，不得印刷容易对消费者产生误导的广告宣传品和作为产品包装装潢的印刷品。

第二十六条　印刷企业接受委托印刷注册商标标识的，应当验证商标注册人所在地县级工商行政管理部门签章的《商标注册证》复印件，并核查委托人提供的注册商标图样；接受注册商标被许可使用人委托，印刷注册商标标识的，印刷企业还应当验证注册商标使用许可合同。印刷企业应当保存其验证、核查的工商行政管理部门签章的《商标注册证》复印件、注册商标图样、注册商标使用许可合同复印件2年，以备查验。

国家对注册商标标识的印刷另有规定的，印刷企业还应当遵守其规定。

第二十七条　印刷企业接受委托印刷广告宣传品、作为产品包装装潢的印刷品的，应当验证委托印刷单位的营业执照或者个人的居民身份证；接受广告经营者的委托印刷广告宣传品的，还应当验证广告经营资格证明。

第二十八条　印刷企业接受委托印刷包装装潢印刷品的，应当将印刷品的成品、半成品、废品和印版、纸型、底片、原稿等全部交付委托印刷单位或者个人，不得擅自留存。

第二十九条　印刷企业接受委托印刷境外包装装潢印刷品的，必须事先向所在地省、自治区、直辖市人民政府出版行政部门备案；印刷的包装装潢印刷品必须全部运输出境，不得在境内销售。

第五章　其他印刷品的印刷

第三十条　印刷标有密级的文件、资料、图表等，按照国家有关法律、法规或者规章的规定办理。

第三十一条　印刷布告、通告、重大活动工作证、通行证、在社会上流通使用的票证的，委托印刷单位必须向印刷企业出具主管部门的证明。印刷企业必须验证主管部门的证明，并保存主管部门的证明副本2年，以备查验；并且不得再委托他人印刷上述印刷品。

印刷机关、团体、部队、企业事业单位内部使用的有价票证或者无价票证，或者印刷有单位名称的介绍信、工作证、会员证、出入证、学位证书、学历证书或者其他学业证书等专用证件的，委托印刷单位必须出具委托印刷证明。印刷企业必须验证委托印刷证明。

印刷企业对前两款印件不得保留样本、样张；确因业务参考需要保留样本、样张的，应当征得委托印刷单位同意，在所保留印件上加盖“样本”、“样张”戳记，并妥善保管，不得丢失。

第三十二条　印刷企业接受委托印刷宗教用品的，必须验证省、自治区、直辖市人民政府宗教事务管理部门的批准文件和省、自治区、直辖市人民政府出版行政部门核发的准印证；省、自治区、直辖市人民政府出版行政部门应当自收到印刷宗教用品的申请之日起10日内做出是否核发准印证的决定，并通知申请人；逾期不做出决定的，视为同意印刷。

第三十三条　从事其他印刷品印刷经营活动的个人不得印刷标有密级的文件、资料、图表等，不得印刷布告、通告、重大活动工作证、通行证、在社会上流通使用的票证，不得印刷机关、团体、部队、企业事业单位内部使用的有价或者无价票证，不得印刷有单位名称的介绍信、工作证、会员证、出入证、学位证书、学历证书或者其他学业证书等专用证件，不得印刷宗教用品。

第三十四条　接受委托印刷境外其他印刷品的，必须事先向所在地省、自治区、直辖市人民政府出版行政部门备案；印刷的其他印刷品必须全部运输出境，不得在境内销售。

第三十五条　印刷企业和从事其他印刷品印刷经营活动的个人不得盗印他人的其他印刷品，不得销售、擅自加印或者接受第三人委托加印委托印刷的其他印刷品，不得将委托印刷的其他印刷品的纸型及印刷底片等出售、出租、出借或者以其他形式转让给其他单位或者个人。

第六章　罚则

第三十六条　违反本条例规定，擅自设立从事出版物印刷经营活动的企业或者擅自从事印刷经营活动的，由出版行政部门、工商行政管理部门依据法定职权予以取缔，没收印刷品和违法所得以及进行违法活动的专用工具、设备，违法经营额1万元以上的，并处违法经营额5倍以上10倍以下的罚款；违法经营额不足1万元的，并处1万元以上5万元以下的罚款；构成犯罪的，依法追究刑事责任。

单位内部设立的印刷厂（所）未依照本条例第二章的规定办理手续，从事印刷经营活动的，依照前款的规定处罚。

第三十七条　印刷业经营者违反本条例规定，有下列行为之一的，由县级以上地方人民政府出版行政部门责令停止违法行为，责令停业整顿，没收印刷品和违法所得，违法经营额1万元以上的，并处违法经营额5倍以上10倍以下的罚款；违法经营额不足1万元的，并处1万元以上5万元以下的罚款；情节严重的，由原发证机关吊销许可证；构成犯罪的，依法追究刑事责任：

（一）未取得出版行政部门的许可，擅自兼营或者变更从事出版物、包装装潢印刷品或者其他印刷品印刷经营活动，或者擅自兼并其他印刷业经营者的；

（二）因合并、分立而设立新的印刷业经营者，未依照本条例的规定办理手续的；

（三）出售、出租、出借或者以其他形式转让印刷经营许可证的。

第三十八条　印刷业经营者印刷明知或者应知含有本条例第三条规定禁止印刷内容的出版物、包装装潢印刷品或者其他印刷品的，或者印刷国家明令禁止出版的出版物或者非出版单位出版的出版物的，由县级以上地方人民政府出版行政部门、公安部门依据法定职权责令停业整顿，没收印刷品和违法所得，违法经营额1万元以上的，并处违法经营额5倍以上10倍以下的罚款；违法经营额不足1万元的，并处1万元以上5万元以下的罚款；情节严重的，由原发证机关吊销许可证；构成犯罪的，依法追究刑事责任。

第三十九条　印刷业经营者有下列行为之一的，由县级以上地方人民政府出版行政部门、公安部门依据法定职权责令改正，给予警告；情节严重的，责令停业整顿或者由原发证机关吊销许可证：

（一）没有建立承印验证制度、承印登记制度、印刷品保管制度、印刷品交付制度、印刷活动残次品销毁制度等的；

（二）在印刷经营活动中发现违法犯罪行为没有及时向公安部门或者出版行政部

门报告的；

（三）变更名称、法定代表人或者负责人、住所或者经营场所等主要登记事项，或者终止印刷经营活动，不向原批准设立的出版行政部门备案的；

（四）未依照本条例的规定留存备查的材料的。

单位内部设立印刷厂（所）违反本条例的规定，没有向所在地县级以上地方人民政府出版行政部门、保密工作部门办理登记手续的，由县级以上地方人民政府出版行政部门、保密工作部门依据法定职权责令改正，给予警告；情节严重的，责令停业整顿。

第四十条　从事出版物印刷经营活动的企业有下列行为之一的，由县级以上地方人民政府出版行政部门给予警告，没收违法所得，违法经营额1万元以上的，并处违法经营额5倍以上10倍以下的罚款；违法经营额不足1万元的，并处1万元以上5万元以下的罚款；情节严重的，责令停业整顿或者由原发证机关吊销许可证；构成犯罪的，依法追究刑事责任：

（一）接受他人委托印刷出版物，未依照本条例的规定验证印刷委托书、有关证明或者准印证，或者未将印刷委托书报出版行政部门备案的；

（二）假冒或者盗用他人名义，印刷出版物的；

（三）盗印他人出版物的；

（四）非法加印或者销售受委托印刷的出版物的；

（五）征订、销售出版物的；

（六）擅自将出版单位委托印刷的出版物纸型及印刷底片等出售、出租、出借或者以其他形式转让的；

（七）未经批准，接受委托印刷境外出版物的，或者未将印刷的境外出版物全部运输出境的。

第四十一条　从事包装装潢印刷品印刷经营活动的企业有下列行为之一的，由县级以上地方人民政府出版行政部门给予警告，没收违法所得，违法经营额1万元以上的，并处违法经营额5倍以上10倍以下的罚款；违法经营额不足1万元的，并处1万元以上5万元以下的罚款；情节严重的，责令停业整顿或者由原发证机关吊销许可证；构成犯罪的，依法追究刑事责任：

（一）接受委托印刷注册商标标识，未依照本条例的规定验证、核查工商行政管理部门签章的《商标注册证》复印件、注册商标图样或者注册商标使用许可合同复印件的；

（二）接受委托印刷广告宣传品、作为产品包装装潢的印刷品，未依照本条例的规定验证委托印刷单位的营业执照或者个人的居民身份证的，或者接受广告经营者的委托印刷广告宣传品，未验证广告经营资格证明的；

（三）盗印他人包装装潢印刷品的；

（四）接受委托印刷境外包装装潢印刷品未依照本条例的规定向出版行政部门备案的，或者未将印刷的境外包装装潢印刷品全部运输出境的。

印刷企业接受委托印刷注册商标标识、广告宣传品，违反国家有关注册商标、广告印刷管理规定的，由工商行政管理部门给予警告，没收印刷品和违法所得，违法经营额1万元以上的，并处违法经营额5倍以上10倍以下的罚款；违法经营额不足1万元的，并处1万元以上5万元以下的罚款。

第四十二条　从事其他印刷品印刷经营活动的企业和个人有下列行为之一的，由县级以上地方人民政府出版行政部门给予警告，没收印刷品和违法所得，违法经营额1万元以上的，并处违法经营额5倍以上10倍以下的罚款；违法经营额不足1万元的，并处1万元以上5万元以下的罚款；情节严重的，责令停业整顿或者由原发证机关吊销许可证；构成犯罪的，依法追究刑事责任：

（一）接受委托印刷其他印刷品，未依照本条例的规定验证有关证明的；

（二）擅自将接受委托印刷的其他印刷品再委托他人印刷的；

（三）将委托印刷的其他印刷品的纸型及印刷底片出售、出租、出借或者以其他形式转让的；

（四）伪造、变造学位证书、学历证书等国家机关公文、证件或者企业事业单位、人民团体公文、证件的，或者盗印他人的其他印刷品的；

（五）非法加印或者销售委托印刷的其他印刷品的；

（六）接受委托印刷境外其他印刷品未依照本条例的规定向出版行政部门备案的，或者未将印刷的境外其他印刷品全部运输出境的；

（七）从事其他印刷品印刷经营活动的个人超范围经营的。

第四十三条　有下列行为之一的，由出版行政部门给予警告，没收印刷品和违法所得，违法经营额1万元以上的，并处违法经营额5倍以上10倍以下的罚款；违法经营额不足1万元的，并处1万元以上5万元以下的罚款；情节严重的，责令停业整顿或者吊销印刷经营许可证；构成犯罪的，依法追究刑事责任：

（一）印刷布告、通告、重大活动工作证、通行证、在社会上流通使用的票证，印刷企业没有验证主管部门的证明的，或者再委托他人印刷上述印刷品的；

（二）印刷业经营者伪造、变造学位证书、学历证书等国家机关公文、证件或者企业事业单位、人民团体公文、证件的。

印刷布告、通告、重大活动工作证、通行证、在社会上流通使用的票证，委托印刷单位没有取得主管部门证明的，由县级以上人民政府出版行政部门处以500元以上5000元以下的罚款。

第四十四条　印刷业经营者违反本条例规定，有下列行为之一的，由县级以上地方人民政府出版行政部门责令改正，给予警告；情节严重的，责令停业整顿或者由原发证机关吊销许可证：

（一）从事包装装潢印刷品印刷经营活动的企业擅自留存委托印刷的包装装潢印刷品的成品、半成品、废品和印版、纸型、印刷底片、原稿等的；

（二）从事其他印刷品印刷经营活动的企业和个人擅自保留其他印刷品的样本、样张的，或者在所保留的样本、样张上未加盖“样本”、“样张”戳记的。

第四十五条　印刷企业被处以吊销许可证行政处罚的，其法定代表人或者负责人自许可证被吊销之日起10年内不得担任印刷企业的法定代表人或者负责人。

从事其他印刷品印刷经营活动的个人被处以吊销许可证行政处罚的，自许可证被吊销之日起10年内不得从事印刷经营活动。

第四十六条　依照本条例的规定实施罚款的行政处罚，应当依照有关法律、行政法规的规定，实行罚款决定与罚款收缴分离；收缴的罚款必须全部上缴国库。

第四十七条　出版行政部门、工商行政管理部门或者其他有关部门违反本条例规定，擅自批准不符合法定条件的申请人取得许可证、批准文件，或者不履行监督职责，或者发现违法行为不予查处，造成严重后果的，对负责的主管人员和其他直接责任人员给予降级或者撤职的处分；构成犯罪的，依法追究刑事责任。

第七章　附则

第四十八条　本条例施行前已经依法设立的印刷企业，应当自本条例施行之日起180日内，到出版行政部门换领《印刷经营许可证》。

依据本条例发放许可证，除按照法定标准收取成本费外，不得收取其他任何费用。第四十九条本条例自公布之日起施行。1997年3月8日国务院发布的《印刷业管理条例》同时废止。

附录 2　印刷品承印管理规定

第一章　总则

第一条　为了规范印刷业经营者的印刷经营行为，健全承接印刷品管理制度，促进印刷业健康发展，根据《印刷业管理条例》，制定本规定。

第二条　印刷业经营者从事印刷经营活动，应当建立、健全承印验证制度、承印登记制度、印刷品保管制度、印刷品交付制度、印刷活动残次品销毁制度等管理制度。

第三条　印刷业经营者执行承印验证、承印登记、印刷品保管、印刷品交付、印刷活动残次品销毁等各项管理制度，应当指定专人负责，严格把关，建档立卷，以备查验。

第四条　印刷业经营者法定代表人或者主要负责人负责本企业、本单位各项管理制度的组织实施。

第五条　县级以上地方人民政府负责出版管理的行政部门（以下简称出版行政部门）、公安部门指导本行政区域内印刷业经营者建立各项管理制度，并负责监督检查印刷业经营者各项管理制度的实施情况。

第六条　印刷业经营者在印刷经营活动中发现违法犯罪行为，应当及时向所在地公安部门、出版行政部门报告。

第二章　承印验证制度

第七条　印刷业经营者接受委托印刷各种印刷品时，应当依照《印刷业管理条例》等法规、规章的规定，验证委印单位及委印人的证明文件，并收存相应的复印件备查。前款所指的证明文件包括印刷委托书或者委托印刷证明、准印证、《出版许可证》、《商标注册证》、注册商标图样、注册商标使用许可合同、广告经营资格证明、营业执照以及委印人的资格证明等。

第八条　印刷企业接受委托印刷图书、期刊的，必须验证并收存由国务院出版行政部门统一格式，由省、自治区、直辖市人民政府出版行政部门统一印制并加盖出版单位公章的《图书、期刊印刷委托书》原件。《图书、期刊印刷委托书》必须加盖出版单位所在地省、自治区、直辖市人民政府出版行政部门和印刷企业所在地省、自治区、直辖市人民政府出版行政部门的备案专用章。

第九条　印刷企业接受委托印刷报纸的，必须验证由国务院出版行政部门统一制作，由省、自治区、直辖市人民政府出版行政部门核发的《报纸出版许可证》，并收存《报纸出版许可证》复印件。

印刷企业接受委托印刷报纸、期刊的增版、增刊的，还必须验证并收存国务院出版行政部门批准出版增版、增刊的文件。

第十条　出版单位委托印刷出版物的排版、制版、印刷（包括重印、加印）、装订各工序不在同一印刷企业的，必须分别向各接受委托印刷企业开具《图书、期刊印刷委托书》。

第十一条　印刷企业接受委托印刷内部资料性出版物的，必须验证并收存由省、自治区、直辖市人民政府出版行政部门统一印制，并由县级以上地方人民政府出版行政部门核发的《内部资料性出版物准印证》。

印刷企业接受委托印刷宗教内容的内部资料性出版物的，必须验证并收存由省、自治区、直辖市人民政府宗教事务管理部门的批准文件和出版行政部门核发的《内部资料性出版物准印证》。

第十二条　印刷企业接受委托印刷境外出版物的，必须验证并收存省、自治区、直辖市人民政府出版行政部门的批准文件和有关著作权的合法证明文件；印刷的境外出版物必须全部运输出境，不得在境内发行、散发。

第十三条　印刷企业接受委托印刷注册商标标识的，必须验证《商标注册证》或者由商标注册人所在地县级工商行政管理部门签章的《商标注册证》复印件，并核查委托人提供的注册商标图样；接受注册商标被许可使用人委托，印刷注册商标标识的，还必须验证注册商标使用许可合同。

印刷企业接受委托印刷广告宣传品、作为产品包装装潢的印刷品的，必须验证委托印刷单位的营业执照及个人的居民身份证；接受广告经营者的委托印刷广告宣传品的，还必须验证广告经营资格证明。

第十四条　印刷企业接受委托印刷境外包装装潢印刷品和其他印刷品的，必须验证并收存委托方的委托印刷证明，并事先向所在地省、自治区、直辖市人民政府出版行政部门备案，经所在地省、自治区、直辖市人民政府出版行政部门加盖备案专用章后，方可承印；印刷的包装装潢印刷品和其他印刷品必须全部运输出境，不得在境内销售。

第十五条　公安部门指定的印刷企业接受委托印刷布告、通告、重大活动工作证、通行证、在社会上流通使用的票证的，必须验证并收存委印单位主管部门的证明和公安部门核发的准印证明。

印刷企业接受委托印刷机关、团体、部队、企业事业单位内部使用的有价票证或者无价票证，印刷有单位名称的介绍信、工作证、会员证、出入证、学位证书、学历证书或者其他学业证书、机动车驾驶证、房屋权属证书等专用证件的，必须验证委印单位的委托印刷证明及个人的居民身份证，并收存委托印刷证明和身份证复印件。

第十六条　印刷业经营者应当妥善留存验证的各种证明文件 2 年，以备出版行政部门、公安部门查验。前款所称证明文件包括印刷委托书或者委托印刷证明原件、准印证原件、《出版许可证》复印件、《商标注册证》复印件、注册商标图样原件、注册商标使用许可合同复印件、广告经营资格证明复印件、营业执照复印件、居民身份证复印件等。

第三章　承印登记制度

第十七条　印刷业经营者应当按承印印刷品的种类在《出版物印刷登记簿》、《包装装潢印刷品印刷登记簿》、《其他印刷品印刷登记簿》、《专项排版、制版、装订业务登记簿》、《复印、打印业务登记簿》（以下统称为《印刷登记簿》）上登记委托印刷单位及委印人的名称、住址，经手人的姓名、身份证号码和联系电话，委托印刷的印刷品的名称、数量、印件原稿（或电子文档）、底片及交货日期、收货人等。《印刷登记簿》一式三联，由省、自治区、直辖市人民政府出版行政部门或者其授权的地（市）级出版行政部门组织统一印制。

第十八条　印刷业经营者应当在每月月底将《印刷登记簿》登记的内容报所在地

县级以上出版行政部门备案。

第四章　印刷品保管制度

第十九条　印刷业经营者对承印印件的原稿（或电子文档）、校样、印版、底片、半成品、成品及印刷品的样本应当妥善保管，不得损毁。

印刷企业应当自完成出版物的印刷之日起 2 年内，保存一份接受委托印刷的出版物样本备查。

第二十条　印刷企业印刷布告、通告、重大活动工作证、通行证、在社会上流通使用的票证，印刷机关、团体、部队、企业事业单位内部使用的有价或者无价票证，印刷有单位名称的介绍信、工作证、会员证、出入证、学位证书、学历证书或者其他学业证书、机动车驾驶证、房屋权属证书等专用证件，不得擅自留存样本、样张；确因业务参考需要保留样本、样张的，应当征得委托印刷单位同意，在所保留印件上加盖“样本”、“样张”戳记，并妥善保管，不得丢失。

第二十一条　印刷业经营者在执行印刷品保管制度时，应当明确保管责任，健全保管制度，严格保管交接手续，做到数字准确，有据可查。

第五章　印刷品交付制度

第二十二条　印刷业经营者必须严格按照印刷委托书或者委托印刷证明规定的印数印刷，不得擅自加印。

印刷业经营者每完成一种印刷品的印刷业务后，应当认真清点印刷品数量，登记台账，并根据合同的规定将印刷成品、原稿（或电子文档）、底片、印版、校样等全部交付委托印刷单位或者个人，不得擅自留存。

第二十三条　印刷业经营者应当建立印刷品承印档案，每完成一种印刷品的印刷业务后，应当将印刷合同、承印验证的各种证明文件及相应的复印件、发排单、付印单、样书、样本、样张等相关的资料一并归档留存。

第六章　印刷活动残次品销毁制度

第二十四条　印刷业经营者对印刷活动中产生的残次品，应当按实际数量登记造册，对不能修复并履行交付的，应当予以销毁，并登记销毁印件名称、数量、时间、责任人等。其中，属于国家秘密载体或者特种印刷品的，应当根据国家有关规定及时销毁。

第二十五条　印刷业经营者使用电子方法排版印制或者打印国家秘密载体的，应当严格按照有关法律、法规或者规章的规定办理。

第七章　附则

第二十六条　本规定自2003年9月1日起施行。

参考文献

［1］ 顾萍．印刷概论［M］．北京：中国轻工业出版社，2013.8.

［2］ 赵伟立．印刷品质量检测［M］．北京：化学工业出版社，2008.4.

［3］ 胡维友．数字印刷与计算机直接制版技术［M］．北京：文化发展出版社，2011.8.

［4］ 姚海根．印前制作员［M］．北京：中国劳动社会保障出版社，2006.11.

［5］ 诸应照．印前图文信息处理［M］．北京：中国轻工业出版社，2010.2.

［6］ 李娜．印刷色彩［M］．北京：中国轻工业出版社，2018.10.

［7］ 吴欣等．印刷色彩与色彩管理［M］．北京：中国轻工业出版社，2017.11.

［8］ 金洪勇．印刷色彩［M］．北京：中国建筑工业出版社，2015.6.

［9］ 田全慧，张建青，莫春锦．印刷色彩控制技术［M］．北京：文化发展出版社．2014.7.

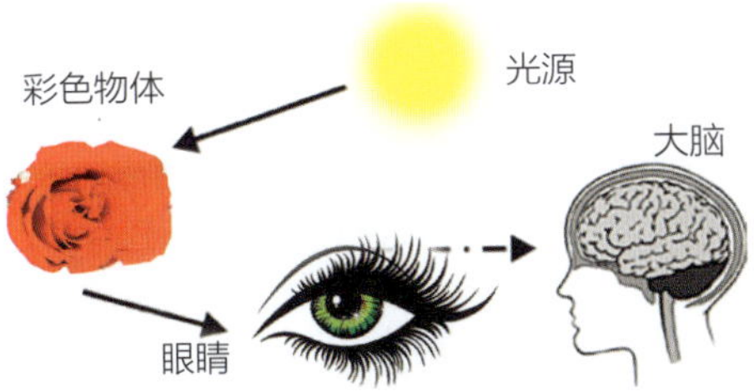

图2-25　颜色的形成过程

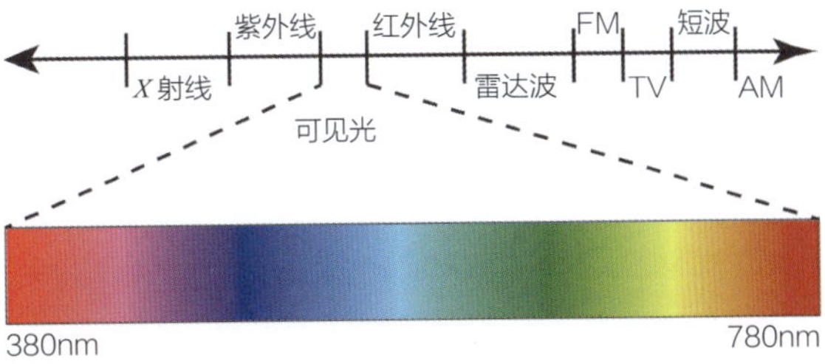

图2-26　可见光谱图

图2-27　色散实验

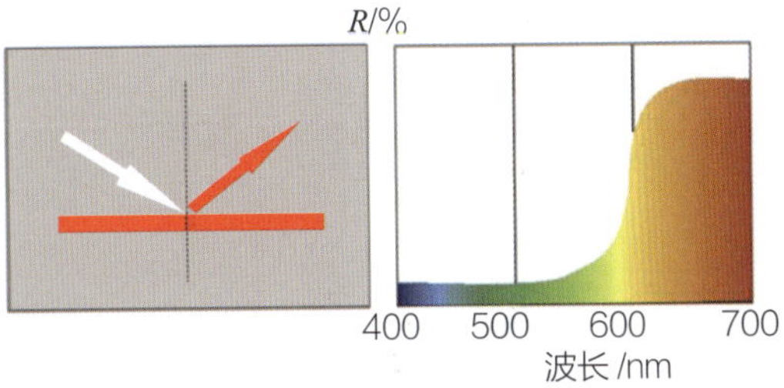

图2-32　彩色与选择性吸收

图2-31　观察透射样品时背景光的处理

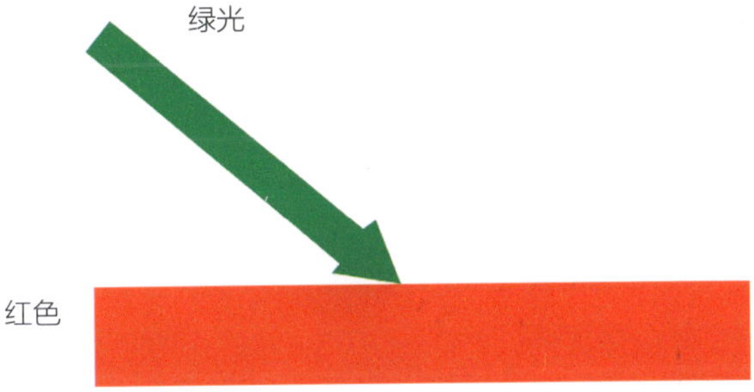

图2-33　绿光照射红色物体

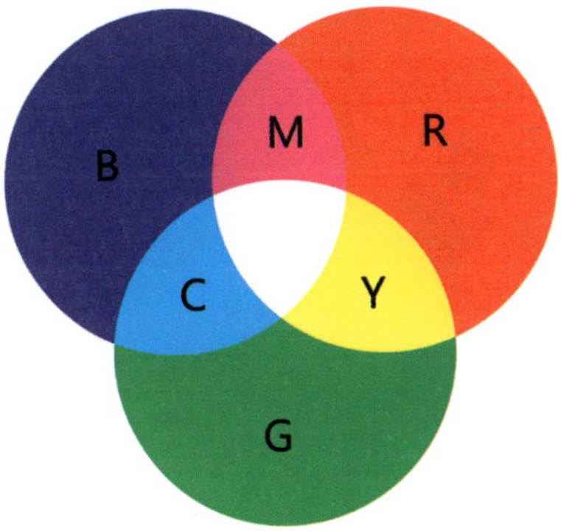

图2-37　色光加色混合图

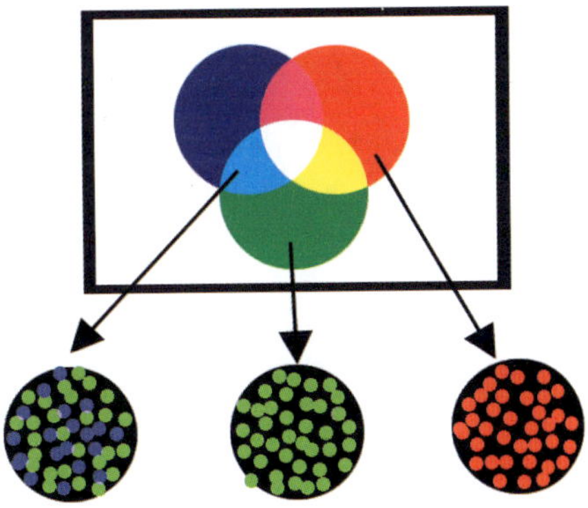

图2-39　荧光粉的静态混合

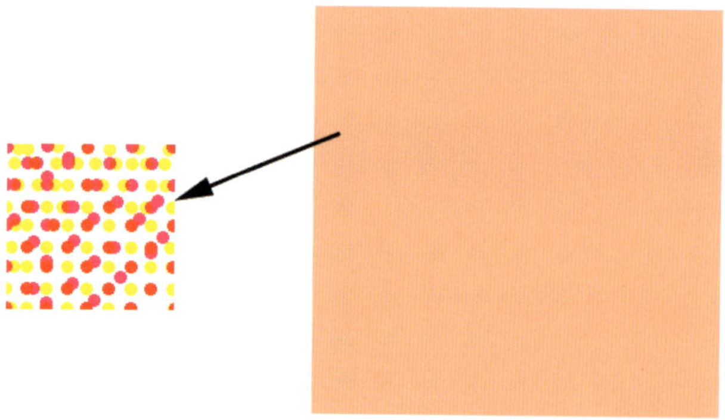

图2-40　印刷品的网点的静态混合

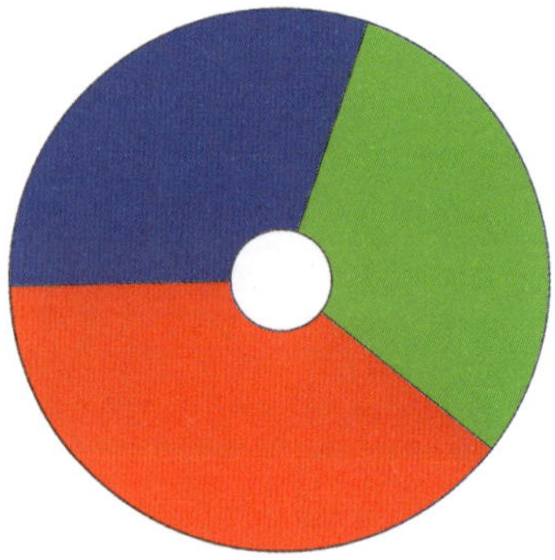

图2-41　混色盘

图2-47　网点可以组织颜色

（a）　　（b）　　（c）

图2-50　加网线数的变化

（a）501/in；（b）1001/in；（c）2001/in

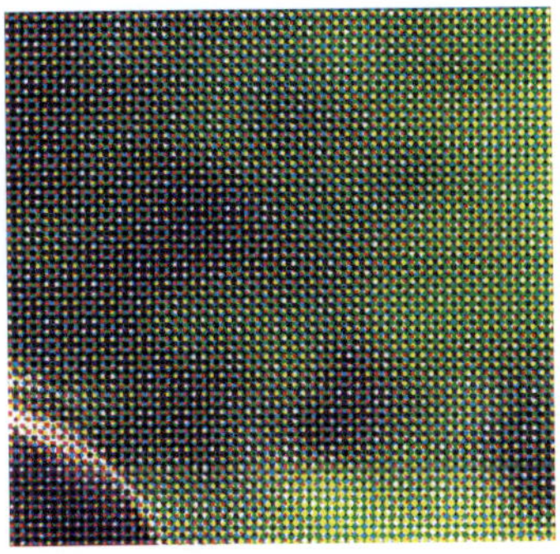

图2-54　龟纹

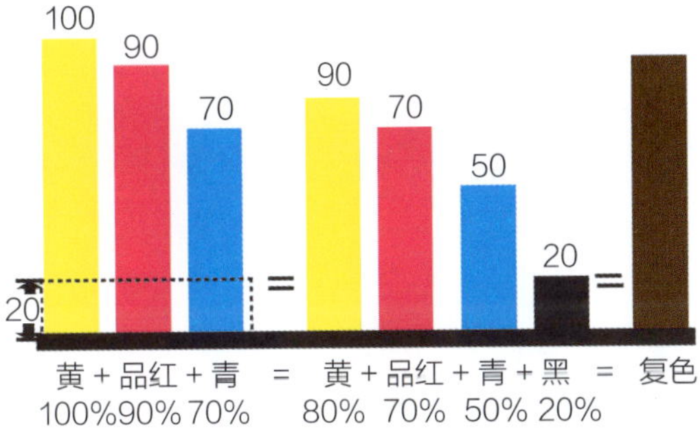

图2-55　UCR的基本原理（底色去除20%）

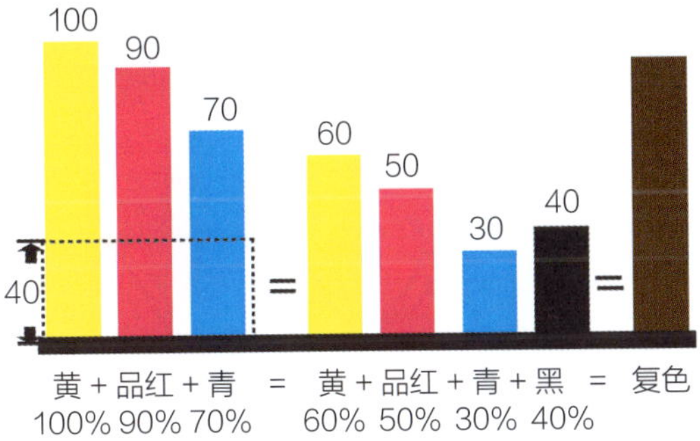

图2-56　UCR的基本原理（底色去除40%）

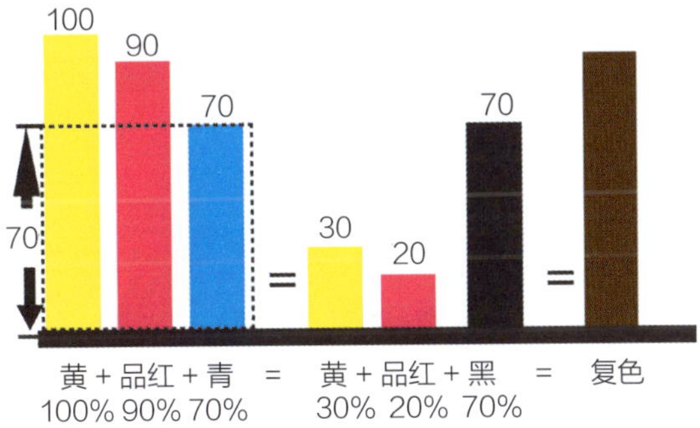

图2-58　GCR工艺原理

图2-57　采用UCR工艺分色后的黑版和彩色版信息

图2-59　采用GCR工艺分色后的黑版和彩色版信息

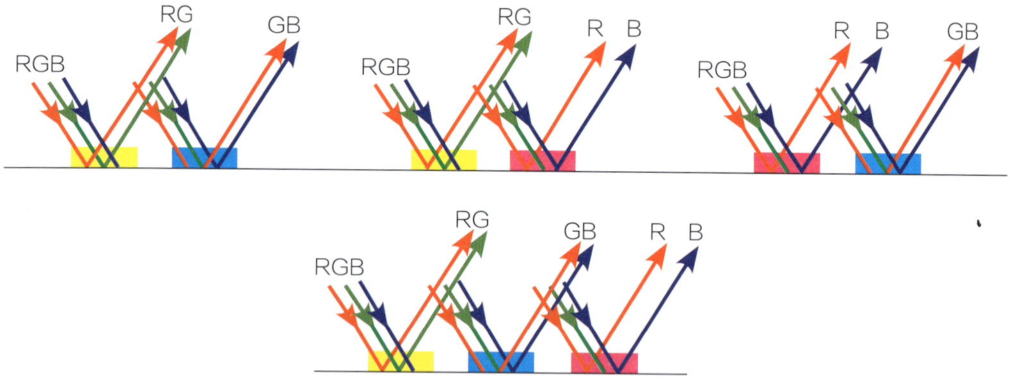

图2-61　网点的并列

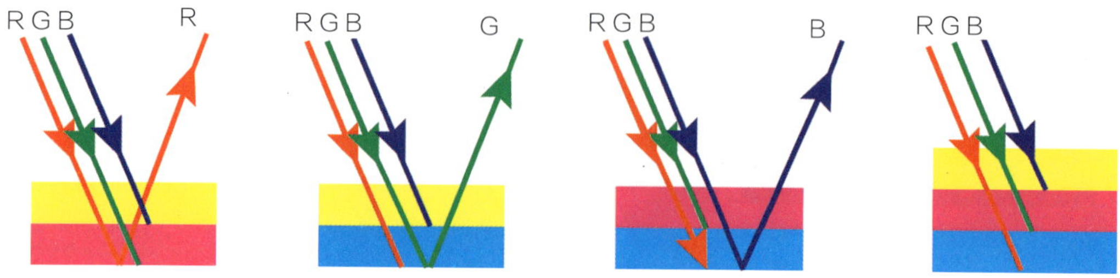

图2-62　网点的叠合